Irene Ruedel

●

Workshops

Irene Ruedel

Workshops

Optimal vorbereiten

Spannend inszenieren

Professionell nachbereiten

Bibliografische Information Der Deutschen Bibliothek

Die Deutsche Bibliothek verzeichnet diese Publikation in der Deutschen Nationalbibliografie; detaillierte bibliografische Daten sind im Internet über http://dnb.ddb.de abrufbar.

Für alle Trainer und Moderatoren
Nur das ständige Lernen macht uns besser.

ISBN 978-3-7093-0484-6

© LINDE VERLAG WIEN Ges.m.b.H., Wien 2012
1210 Wien, Scheydgasse 24, Tel.: +43/1/24 630
www.lindeverlag.at

Umschlag: buero8
Satz: www.deleatur.com
Druck: Hans Jentzsch & Co. GmbH, 1210 Wien, Scheydgasse 31
Redaktion: Cornelia Rüping
1N

Inhaltsverzeichnis

Vorwort

Der Begriff „Workshop" hat sich mittlerweile zu einem regelrechten Schlagwort und bei vielen, die an solchen Veranstaltungen teilgenommen haben, sogar zu einem Unwort entwickelt. Unwort deshalb, weil oft Workshops mit immer wiederkehrenden Themen abgehalten werden, die aber keinen nennenswerten, vor allem keinen langfristigen Erfolg bringen. Häufig erreichen die Teilnehmer nicht das gewünschte Ergebnis, oder es handelt sich um monologisierte Veranstaltungen, die allein dem Wissenstransfer dienen.

Aus der Sicht der Unternehmen sollen Workshops Werkstätten des Schaffens und des Lernens sein, in denen zu gewissen vordefinierten Thematiken Lösungen erarbeitet werden. Dazu nehmen sich die Teilnehmer bewusst und ohne Störung von außen Zeit, um ziel- und nutzenorientiert an einem Thema oder einer Problematik zu arbeiten. Hierfür werden verschiedene Werkzeuge bereitgestellt, mit denen alle an der Lösung und Umsetzung arbeiten können.

Wer von Ihnen selbst schon Workshops geplant, organisiert und vielleicht sogar durchgeführt hat, konnte dabei sicher unterschiedlichste Eindrücke sammeln. Bestimmt waren es oft Erfahrungen, auf die Sie gar nicht vorbereitet waren, weil Ihnen niemand gesagt hat, welche Themen plötzlich akut werden können oder wie einzelne Teilnehmer möglicherweise auf Sie und die gesamte Veranstaltung reagieren. Und dennoch, wenn Sie mit Ihrem Workshop das von allen Seiten gewünschte Ziel erreichen wollen, ist eine exzellente Vorbereitung der Weg zum Erfolg. Je zielorientierter Sie vorgehen, desto sicherer ist Ihnen ein gutes Ergebnis, mit dem Sie am Ende des Workshops effektiv weiterarbeiten und das Sie auch praktisch umsetzen können. Das soll nicht heißen, dass Sie jede Sekunde des Workshops exzessiv durchplanen sollten, denn das stört womöglich den Fluss der Kreativität, bremst Spinnereien und fokussiert Sie zu stark auf ein bestimmtes Ziel. Dennoch brauchen Workshop-Tage eine gut durchdachte Struktur, damit Sie auf dem Weg bleiben und nicht abdriften.

Wie gut ein Workshop tatsächlich wird, hängt davon ab, wie der Moderator während der Durchführung auftritt. Er muss sich auf jede erdenkliche Situation einstellen, die Methoden sicher anwenden und für eine Wohlfühlatmosphäre während des gesamten Workshops sorgen. Auch hier können Sie während der Vorbereitung schon die ersten Unsicherheitsfaktoren ausschließen. Da Sie nicht wissen, was im Lauf des oder der Workshop-Tage auf Sie zukommen wird, bleibt Ihnen hier ebenfalls nur die akribische Vorbereitung der Durchführungsstrategie, indem Sie verschiedene vorstellbare Situationen immer wieder durchdenken und sich mögliche Reaktionen darauf überlegen.

Obwohl die Nachbereitung von Workshops mindestens genauso wichtig ist wie die Vorbereitung und Durchführung, wird ihr fast immer zu wenig Beachtung geschenkt. Denn die eigentliche Arbeit beginnt erst im Anschluss, wenn es darum geht, die erarbeiteten Ergebnisse praktisch umzusetzen und im Alltag anzuwenden. Nur auf diese Weise lassen sich die geplanten Ziele erreichen.

Die konstante Beschäftigung mit den Aufgaben, die sich im Workshop ergeben werden, die regelmäßige Anwendung der erarbeiteten Messinstrumente und die Treiberfunktionen einzelner Mitarbeiter sind wesentliche Elemente, um die Nachhaltigkeit des Workshop-Erfolgs zu sichern. Sie sorgen dafür, dass sich die Mühe und der Aufwand auch langfristig lohnen. Hinzu kommen die gekonnte Präsentation und Visualisierung der Ergebnisse, um Inhalte während und nach einem Workshop den Teilnehmern, aber auch Außenstehenden zu vermitteln. Wenn all diese Faktoren ausgewogen aufeinander abgestimmt sind, werden Workshops sowohl inhaltlich als auch in Hinblick auf die Inszenierung und den Erlebnisfaktor zu einem Höhepunkt, bei dem Lernen und Arbeiten gleichermaßen Spaß machen.

Dieses Buch ist so aufgebaut, das es den Stufen eines optimalen Workshop-Ablaufs folgt. So können Sie problemlos in die jeweiligen Arbeitsphasen einsteigen, an denen Sie gerade feilen. Sie finden Tipps, Tricks und Instrumente, die Sie dabei unterstützen, dass Ihr Workshop nicht nur für die Teilnehmer, sondern auch für Sie ein echtes Erlebnis und ein wahrer Erfolg wird.

Irene Ruedel
www.i-rene.de
Januar 2008

Stufe 1: Die wichtigsten Fragen vor einem Workshop

Je genauer Sie Ihre Anforderungen definieren, die Ziele beschreiben, Leistungen abgrenzen und Aufgaben verteilen, desto strukturierter lässt sich ein Workshop vorbereiten, planen und durchführen.

Ist Ihnen das auch schon einmal passiert? Sie bekommen von Ihrem Lieferanten eine toll aufgemachte und gut gestaltete Einladung zu einem „zukunftsorientierten" Workshop. Natürlich sind Sie, schon allein aus beruflichen Gründen, an Zukunftsthemen interessiert und nehmen die Einladung an. Da Sie neugierig auf zukünftige Entwicklungen sind und am Ball bleiben wollen, besuchen Sie diese Veranstaltung – und erleben eine herbe Enttäuschung. Der sogenannte zukunftsorientierte Workshop ist eine Produktpräsentation des Unternehmens und hat nur einen Zweck: nämlich den Bekanntheitsgrad und vor allem den Verkauf eines neuen Produkts anzukurbeln.

Sicherlich ist diese Vorgehensweise aus Sicht des Lieferanten weder verwerflich noch unanständig. Er hatte auch recht, denn es ging definitiv um „Zukunftsorientierung". Allerdings sind Sie in eine klassische Falle getappt: Nicht überall, wo Workshop draufsteht, ist auch Workshop drin. Oftmals werden mit diesem Begriff beim potenziellen Besucher beziehungsweise Teilnehmer ganz bestimmte Erwartungen geweckt, was bisweilen zu Enttäuschungen führt.

Worin unterscheiden sich Workshops und Seminare?

Aber was genau ist eigentlich kein Workshop, sondern eher ein Seminar? Gehen wir den Begriffen auf den Grund.

- „Work": aus dem Englischen für Arbeit, Beruf, Arbeitsgang, Anstrengung, Erzeugnis, Werk, Bearbeitung, Beschäftigung ...

- „Shop": aus dem Englischen für Betrieb, Fabrik, Geschäft, Laden, Werkstatt ...

- „Workshop": aus dem Englischen für Arbeitsgemeinschaft, Werkstatt, Arbeitsraum, Produktionsbetrieb ...

Angesichts dieser Bedeutungen fällt auf: Sicher wirkt es beruhigend auf unser Gewissen, „auf einen Workshop zu gehen", denn das suggeriert, dass wir etwas arbeiten, etwas schaffen und mit einem produktiven Ergebnis nach Hause gehen. Die Umgebung, in der wir dies tun, ist meist nicht unsere alltägliche Arbeitsumgebung. Um Workshops zu besuchen, gehen wir „raus", wir lassen uns von anderen Räumen, einer anderen Umgebung oder gar anderen Ländern inspirieren. „Workshop", dieser Begriff hört sich einfach gut an, er klingt dynamisch, innovativ und vor allem extrem trendy.

Und genau das hat dazu beigetragen, dass unterschiedlichste Veranstaltungen mit dem Etikett „Workshop" versehen werden, obwohl durchaus Unterschiede bestehen und es entsprechende Bezeichnungen gibt. Aus diesem Grund finden Sie hier eine Erklärung der verschiedenen Formen, differenziert anhand der Inhalte. Die Veranstaltungen sind so sortiert, kategorisiert und benannt, dass Sie jederzeit verstehen, worum es eigentlich geht.

Lernseminare

Bei dieser Art von Seminar handelt es sich um monologisierte Veranstaltungen, die sich auf ein ganz spezielles, deutlich eingegrenztes Thema beziehen. Die Inhalte, die behandelt werden, sind klar definiert, das Ergebnis und das Know-how werden den Teilnehmern ähnlich wie in einem Unterricht weitergegeben.

Bewusstseinsbildende Seminare

Sie haben das Ziel, dem Teilnehmer ein positives Gefühl für ein bestimmtes Produkt, eine Marke oder eine Dienstleistung zu vermitteln. Er sollte am Ende eines solchen Seminars eine völlig neue Emotion zum zentralen Gegenstand haben und im besten Fall hundertprozentig davon überzeugt sein.

Trainingsseminare

Ihr Einsatz ist sinnvoll, wenn sich eine Projektgruppe, ein Team oder einzelne Mitarbeiter auf eine ganz spezielle Aufgabe oder Vorgehensweise vorbereiten müssen. Die Teilnehmer werden im Seminar dahingehend trainiert, das notwendige Wissen in die Praxis umsetzen und weitergeben zu können.

Informationsveranstaltungen

Hierbei wird fast immer reine Einbahnstraßenkommunikation betrieben. Die Zuhörer bekommen zu einer bestimmten Thematik genau die Menge an Information, die sie brauchen, um im Tagesgeschäft klarzukommen. Der sich anschließende Dialog ist in den wenigsten Fällen so aufgebaut, dass er im Plenum moderiert oder gesteuert ist. Vielmehr finden Gespräche zwischen Einzelnen statt, beispielsweise in der Kaffeepause, bei denen aber häufig frei interpretiert und spekuliert wird, da die Teilnehmer wichtige Details nicht kennen.

Produkt- oder Markenpräsentationen

Sie dienen dazu, den Teilnehmern ein bestimmtes Produkt entweder als Neuheit oder Weiterentwicklung und Verbesserung zu präsentieren. Der Zuhörer soll ein positives Gefühl dazu entwickeln und allem voran veranlasst werden, dieses Produkt mit einem guten Bauchgefühl zu kaufen und weiterzuempfehlen.

Workshop

Workshops sind geplante und vorbereitete Arbeitsrunden, in denen sich die Teilnehmer explizit auf ein Thema konzentrieren. Dazu gehen sie idealerweise aus dem Unternehmen heraus und arbeiten in einer anderen, für sie meist inspirierenden Umgebung, ohne den störenden Einflüssen aus dem Tagesgeschäft ausgeliefert zu sein. Workshops sind sekundär Motivationsförderer, denn in der ungewohnten Umgebung nimmt man die Kollegen anders wahr und kann auf andere Art miteinander umgehen, als dies im Alltag der Fall ist.

Wann ist der Einsatz eines Workshops sinnvoll?

Wann der richtige Zeitpunkt gekommen ist, um ein Thema in einen Workshop zu bringen, hängt von verschiedenen Faktoren ab; zum Beispiel von Umfang und Relevanz des Themas, davon, ob alle notwendigen Zahlen, Daten und Fakten vorhanden sind, ob die richtigen Mitarbeiter für die Aufgaben teilnehmen können oder ob alle Mitwirkenden bereit sind, die Inhalte möglichst nutzenorientiert abzuarbeiten. Die Durchführung eines Workshops ist dann sinnvoll, wenn mindestens einer der im Folgenden genannten Punkte auf Sie oder auf Ihre Projektgruppe zutrifft:

- Alle wesentlichen und relevanten Fakten zur Aufgabenstellung liegen gut aufbereitet und verständlich vor.

- Die Fakten können bewertet und daraus verwendbare Ergebnisse abgeleitet oder neue Ideen entwickelt werden.

- Eine bestimmte Gruppe von Mitarbeitern oder Kollegen will sich intensiv und sehr konzentriert mit einer ganz bestimmten Thematik beschäftigen.

- Ein Thema soll für die Zukunft durchstrukturiert und eine gemeinsame Gangart zur Vorgehensweise definiert werden.

- Ein Team, das vielleicht sogar gerade zusammengestellt wurde, soll auf seine Aufgabe und eine einheitliche Vorgehensweise eingeschworen oder bisher nicht beteiligte Mitarbeiter sollen in ein bestehendes Team integriert werden.

- Sie brauchen Impulse, andere Perspektiven, Blickwinkel und vielleicht sogar Außenansichten zu einem bestimmten Thema, um neue Vorgehensweisen zu definieren oder ganz neue Wege einzuschlagen.

- Das Thema ist neu, interessant und vor allem anders als bisher. „Wiederkäuerthemen", also solche, die jedes Jahr auf dem Plan stehen, sind monoton und werden bei den Teilnehmern kaum Begeisterung für die Sache wecken.

Kurz gesagt: Workshops sind vor allem dann geeignet, wenn die Teilnehmer ungestört vom Tagesgeschäft ein bestimmtes Ergebnis erarbeiten und sich voll und ganz auf die Materie konzentrieren sollen und wollen. Dabei könnte es zum Beispiel um eine der folgenden Aufgaben gehen, die sich am besten in Abgeschiedenheit, fernab von Arbeitsalltag und Störungen bearbeiten lassen:

- Die Entwicklung neuer Produkt- oder Dienstleistungsideen

- Lösungen von immer wiederkehrenden Problematiken in bestehenden Prozessen

- Strategische Planungen und Zielvereinbarungen

- Teamentwicklung und Teampflege

- Strategische Neuausrichtungen von Abteilungen oder ganzen Unternehmen

- Budget- und Ressourcenplanung

Betrachten Sie einen Workshop einmal als Werkstätte: eine Werkstätte, in der Sie etwas Produktives schaffen, etwas lernen können und in der es Spaß macht, anders als gewohnt zu arbeiten. Stellen Sie sich vor, Sie gehen für zwei oder drei Tage in eine Künstlerakademie: Dort dürfen Sie eine Skulptur nach Ihren Vorstellungen formen und haben alles zur Verfügung, was Sie dafür brauchen – sogar einen Werkstattleiter, der Ihnen bei den schwierigeren Aufgaben hilft. Bedienen Sie sich aller Hilfsmittel, die Sie vorfinden, nutzen Sie alle „Maschinen" und formen Sie die Skulptur so lange, bis Sie vollkommen damit zufrieden sind und Sie sich Ihr Werk gerne in Ihr Büro oder in Ihr Wohnzimmer stellen wollen. Nehmen Sie sich die Zeit, die Ruhe und die Muße, schalten Sie ab und lassen Sie sich anleiten, etwas auf eine völlig andere Art zu tun.

Für die Vorbereitung eines Workshops heißt das, dass Sie alle Informationen, alles Wissen und sämtliche Inputs aus dem Unternehmen berücksichtigen und daraus ein Konzept entwerfen. An diesem feilen Sie so lange, bis es genau den Kern der Aufgabenstellung trifft und Sie alle Werkzeuge gefunden haben, die Sie brauchen, um diesen Workshop zu einem perfekten „Werkstück" zu formen.

Der richtige Zeitpunkt

Besonders wichtig ist es, den richtigen Zeitpunkt für einen Workshop zu finden. Wenn es im Unternehmen zum Beispiel gerade heiß hergeht oder wenn Grundlagen wie Zahlen, Daten oder Fakten, die Sie für den Workshop brauchen, (noch) nicht vorliegen, dann bleiben Sie lieber erst einmal in der Vorbereitungsphase.

Einen Workshop durchzuführen, wenn sich das Unternehmen gerade in einer Umbruchphase befindet, birgt Gefahren. Zusätzlich Neues kann die Mitarbeiter verwirren oder gar den geplanten Ablauf stören. Ich möchte damit nicht sagen, dass es grundsätzlich falsch ist, sich in Umbruchphasen auf ein bestimmtes Thema zu konzentrieren, aber wägen Sie bewusst und mit einem klaren Ziel vor Augen ab, ob Sie den richtigen Zeitpunkt vor Augen haben.

Der gewünschte Teilnehmerkreis

Achten Sie zudem darauf, dass alle Kollegen oder Mitarbeiter, die Sie einbeziehen wollen, teilnehmen können; berücksichtigen Sie dabei Urlaubszeiten und Außentermine. Auch wenn es schwierig sein kann, alle Beteiligten an einen Tisch zu bringen, es lohnt sich. Denn noch schwieriger wird es, wenn Sie wichtige Mitarbeiter erst bei der Umsetzung ins Boot holen wollen, obwohl sie den Entwicklungsprozess dorthin nicht wesentlich mitgestaltet haben. Hundertprozentig überzeugt von einem neuen Vorhaben werden nur diejenigen sein, die am Workshop beteiligt waren und sich dabei einbringen konnten.

Welche Phasen laufen vor, während und nach einem Workshop ab?

Wenn Sie sowohl den richtigen Zeitpunkt als auch den richtigen Teilnehmerkreis bestimmen wollen, bedeutet das, dass Sie die Aufgabenstellung für Ihren Workshop im Vorfeld ganz klar umreißen müssen. Bedenken Sie auch, dass Sie dafür verantwortlich sind, die Aufgabe so zu fassen, dass sie zeitlich im Workshop bewältigt werden kann und dass Sie von Anfang an lösungsorientiert vorgehen können. Die folgende Grafik gibt Ihnen einen Überblick darüber, welche Phasen Sie bereits bei der Planung berücksichtigen müssen.

Von Anfang bis Ende: die Phasen im Überblick

Informationsbeschaffung Bevor Sie einen Workshop starten, sammeln Sie alle Informationen, Zahlen, Daten und Fakten, die Sie brauchen, um fundierte Grundlagen zu schaffen. Es ist nicht sinnvoll, sich in Hypothesen zu ergehen oder künftige Ergebnisse mit Annahmen zu untermauern, eine solche Vorgehensweise wird Sie spätestens bei der Feinplanung aus dem Gleichgewicht bringen.

Vorbereitungsphase eines Workshops Die Vorbereitungsphase des Workshops, der wir uns in diesem Buch ausführlich widmen, ist so wichtig, weil Sie dabei bereits über den eigentlichen Workshop hinaus denken. Schon jetzt brauchen Sie eine Grobplanung, wie Sie Ihre Mitarbeiter und Kollegen anschließend einsetzen wollen, um prüfen und sicherstellen zu können, dass dies genau so möglich ist.

Durchführung des Workshops Die Durchführung des Workshops ist dann die Initialzündung oder der Startschuss für neue Maßnahmen. Dabei kommt es sehr darauf an, dass ein Rahmen geschaffen wird, in dem sich alle Beteiligten wohlfühlen. Überlassen Sie nichts dem Zufall und sorgen Sie dafür, dass Sie das nötige Material und alle Informationen zur Verfügung haben.

Feinplanung Während des Workshops wird nur bis zu einer gewissen Tiefe gearbeitet, ein Großteil der Arbeit fällt erst im Anschluss daran an. Im Workshop werden zunächst die Lösungsansätze klar umrissen, die jeweils Verantwortlichen bestimmt und Vorschläge für neue Vorgehensweisen entwickelt. Erst wenn alle Beteiligten wieder an ihrem Arbeitsplatz sind, wird mit der Feinplanung begonnen. Die Verantwortlichen dafür wurden im Workshop benannt, sie treiben das Projekt weiter. Bei dieser Arbeit geht es sehr um Details und sie erfordert meist Informationen, auf die Sie während der Workshop-Tage nicht zugreifen können.

Umsetzungsphase Von der Feinplanung geht es dann nahtlos zur Umsetzung. Dabei werden zum ersten Mal Ergebnisse aus dem Workshop sichtbar, die unter Umständen bereits zwei oder mehr Monate zuvor erarbeitet worden sind. Denken Sie daran, alle Beteiligten in der Zeit zwischen Workshop und Umsetzung mit einem regelmäßigen Bericht auf dem Laufenden zu halten. Sonst schleicht sich vielleicht früher oder später bei Einzelnen das Gefühl ein, dass sich nichts bewegt und der Workshop doch nur eine Spaßveranstaltung war.

Erfolgskontrolle und Messen Bis Sie den Erfolg und die Nachhaltigkeit eines Workshops messen können, brauchen Sie häufig einen langen Atem. Meist stellen sich Ergebnisse erst nach einem Jahr oder noch später ein. Es ist leichter durchzuhalten, wenn Sie wissen, dass Sie auf einem guten Weg sind. Auch während dieser Phase wird sich eine akribische Vorbereitung auszahlen, denn sie gibt Ihnen die nötigen Kontrollmöglichkeiten an die Hand.

Wenn nach dem Workshop die Arbeiten weitergehen, wird es immer wieder Zeiten geben, in denen es nicht so gut läuft, in denen Sie mit Problemen bei der Umsetzung zu kämpfen haben, in denen Sie und Ihre Mitarbeiter in regelrechte Sinnkrisen geraten. Um sich in solchen Situationen wieder auf das Wesentliche zu besinnen, brauchen Sie diese ganz klaren Nutzen- und Zielformulierungen, die sich auch überprüfen lassen.

Was wollen Sie mit dem Workshop erreichen?

Damit ein Workshop langfristigen Erfolg bringt, ist es dringend notwendig, dass Sie sich schon in der Planungsphase über die übergeordneten Ziele und den Nutzen des Ganzen klar werden. Zudem empfiehlt es sich, den Workshop in enger Zusammenarbeit mit Ihren Teamleitern oder den Verantwortlichen für den Workshop vorzubereiten. Im ersten Schritt haben Sie die Aufgabe für den Workshop beschrieben und den Zeitplan erstellt. Nun geht es darum, das große Ganze zu erfassen und später auch zu vermitteln. Da es in einem Workshop von zentraler Bedeutung ist, die Zustimmung und vor allem das Commitment der Teilnehmer zu haben, stellen Sie sich folgende Fragen. Beantworten Sie sie in Stichpunkten und nehmen Sie sie auch später in den Workshop mit, um sie dort am Anfang mit den Teilnehmern zu klären:

- Wo stehen wir zum heutigen Zeitpunkt?
- Mit welcher Herausforderung haben wir in Zukunft zu kämpfen?
- Was stört/bremst uns im Moment am meisten?
- Wo sind unsere größten Hemmschwellen?
- Ist der Zeitpunkt gut gewählt oder haben wir wichtigere Dinge zu tun?
- Ist es die Mühen und die Kosten wert, ausgerechnet zum jetzigen Zeitpunkt dieses Ziel zu verfolgen?

Diese Fragen sind Hausaufgaben, die Sie am besten bei der Workshop-Besprechung, in der Sie das künftige Vorgehen gemeinsam abstimmen, sofort erledigen. Notieren Sie alle Anmerkungen und Aussagen und fordern Sie Ihre Kollegen auf, jeden einzelnen Punkt anzusprechen. Sicher wird es jetzt auch um Vergangenheitsbewältigung gehen, denn nur wer sich von „Altem" trennt, kann sich für Neues öffnen. Eine solche analytische Bestandsaufnahme spart Ihnen auch während des Workshops Zeit, da Sie die grundsätzlichen Fragen bereits geklärt haben. Sie müssen sich weder in kontraproduktiven Diskussionen noch in Einzelheiten ergehen, die die Kreativität im Workshop hemmen könnten. Befassen Sie sich deshalb ausführlich mit diesen Fragen und nehmen Sie sich genug Zeit, um sie sorgfältig zu beantworten.

Wie schon angemerkt: In jedem Projekt oder jeder Umsetzungsphase tritt früher oder später eine Krise auf. Wenn Sie dann nicht auf eine klare Nutzen- und Zielformulierung zurückgreifen können, werden auch Sie feststellen, dass Sie Zweifel am Vorhaben befallen. Steckt das Projekt in einer Sackgasse oder gibt es kaum zu überwindende Probleme bei der Umsetzung, wird schnell Kritik aus den eigenen Reihen laut. Auch wenn Sie sich selbst dann noch motivieren können, werden Sie auf Dauer gesehen niemand anderen aus der Gruppe der Beteiligten mitnehmen. Im schlimmsten Fall wird das Vorhaben abgebrochen oder man lässt es sich ruhig und ohne größeres Aufsehen totlaufen. In beiden Fällen war dann die ganze Arbeit vergebens.

Wenn Sie nach einiger Zeit zurückblicken und das Geschehen Revue passieren lassen, werden Sie feststellen, dass es sich um eine dieser Veranstaltungen gehandelt hat, die zu nichts führen. Wenn Sie zu einem späteren Zeitpunkt versuchen, das gleiche Thema noch einmal in Schwung zu bringen, wird es eines der „Wiederkäuerthemen", für die keiner mehr Begeisterung aufbringen kann.

Doch letzten Endes ist nicht der Workshop an sich gescheitert, sondern die Umsetzung ist nicht gelungen – vielleicht war schon die Planung unzureichend. Es kann sein, dass im Vorfeld wichtige Fragen nicht beantwortet wurden, man sich der Konsequenz und des Aufwands, der hinter dem Workshop steckt, nicht bewusst war oder einfach keiner der Beteiligten das Vorhaben so gründlich durchdacht hat, wie es nötig gewesen wäre, um erfolgreich zu sein. Um dies zu vermeiden, nehmen Sie sich ausreichend Zeit, um die folgenden Fragen zu beantworten:

- Was wollen wir am Ende des Workshops erreicht haben?

- Welchen konkreten Nutzen soll der Workshop haben?

- Sind wir bereit für die Veränderungen, die die Workshop-Ergebnisse mit sich bringen werden?

- Wie würden wir den Erfolg des Workshops für uns messen, welche Faktoren wären dabei für uns entscheidend?

- Stehen uns die notwendigen Kapazitäten zur Verfügung, um dieses Ziel zu erreichen?

- Wie wollen wir vorgehen, um unser Ziel zu erreichen?

Das Ziel und der Nutzen

Es ist wichtig zu wissen, wo es insgesamt hingehen soll, sodass alle Beteiligten das gleiche Verständnis für die Aufgabe haben und sich über die Marschrichtung einig sind. Der Nutzen eines Workshops muss für alle klar sein, jeder Einzelne muss wissen, welche Ziele langfristig erreicht werden sollen. Das schafft eine Perspektive und ist zudem die Motivationsspritze für Durststrecken.

Veränderungen

Vor allem während der Vorbereitungsphase, aber auch bei der Durchführung dürfte das Thema „Veränderungen" es in sich haben. Nicht jeder hat dazu eine positive Assoziation oder Haltung. Viele Menschen sehen in Veränderungen große Gefahren, sie entwickeln sich zu problemorientierten Nörglern und behindern das, was eigentlich am meisten gewünscht ist: Neuerungen.

Nur wem zu 100 Prozent klar ist, dass der Workshop sicher eine Veränderung nach sich zieht, dass sogar bewusst eine Veränderung herbeigeführt wird, macht weiter. Wenn in dieser Hinsicht Zweifel aufkommen, dann überlegen Sie genau, wie Sie mit ihnen umgehen wollen. Finden Sie die Gründe für diese Ängste, die meist sehr emotional und persönlich sind, besprechen Sie sich mit den Beteiligten und entscheiden Sie anschließend über das weitere Vorgehen. Lassen Sie bei diesem Thema nicht nach, denn wenn die Probleme jetzt nicht gelöst werden, kann das später zu enormem Widerstand führen.

Erfolgskontrolle

Wie würden wir den Erfolg des Workshops messen? Diese Frage gilt es vorab zu klären, selbst wenn die Erfolgskontrolle erst in einem Jahr ansteht. Nicht vergessen werden darf, dass es auf jeden Fall unmittelbar nach dem Workshop einen ersten Erfolg zu vermelden gibt: Für die definierte Aufgabe wurde eine Lösung gefunden und ein Plan zur Umsetzung entwickelt. Darüber hinaus dürfte ein zweites, sehr positives Ergebnis herauskommen, das die emotionale Seite betrifft. Dies lässt sich aber nur sehr schwer in Zahlen bemessen. Die Teilnehmer nähern sich auf persönlicher Ebene an, sie verschreiben sich gemeinsam einer Aufgabe und sollen diese auch in Zukunft im Team verantwortungsbewusst erfüllen beziehungsweise im Unternehmen vorantreiben.

Kapazitäten

Die Frage nach den Kapazitäten ist besonders wichtig. Sie müssen schon vorab wissen, ob das, was Sie in der Zukunft verändern wollen, auch langfristig durch das Team um Sie herum geleistet werden kann. Es ist nicht sinnvoll, mit dem Workshop eine Initialzündung zu starten, obwohl die Kapazitäten für die Umsetzung fehlen. Wenn Sie nicht ausreichend Manpower aufbringen können, denken Sie lieber in kleineren Schritten und setzen Sie erst einmal weniger umfangreiche Einheiten um. So wirken Sie auch einer Durststrecke oder Sinnkrise entgegen, da Sie immer wieder kleinere, aber nichtsdestotrotz wichtige Erfolge feiern können.

Der Weg

Wie Sie den Workshop gestalten wollen, müssen Sie nicht mit Ihrem Team diskutieren. Hierfür steht Ihnen der Moderator oder eine andere Person, die den Workshop leiten soll, zur Verfügung. Der oder die Betreffende muss wissen, mit welchen Methoden sich das gewünschte Ergebnis erreichen lässt. Holen Sie den Moderator so früh wie möglich ins Boot und lassen Sie ihn seine Ideen beisteuern. Denken Sie auch daran, dass der oder die Workshop-Tage ein paar Überraschungen beinhalten sollen, von denen das Team nichts weiß, die aber Spaß machen und an die man sich gerne erinnert. Bedenken Sie, dass ein Workshop – selbst wenn er sehr arbeitsintensiv und von höchster Konzentration geprägt ist – eine sehr spezielle Form der Motivation und der Kommunikation auf emotionaler Ebene sein kann und soll.

Ihre Notizen

Wozu wollen Sie Ihre Mitarbeiter veranlassen?

Das ist eine Frage, die sich kaum jemand stellt, schließlich veranstalten Sie den Workshop ja für Ihre Mitarbeiter. Sie sollten aber nicht davon ausgehen, dass jeder mit Enthusiasmus und Freude seine Teilnahme zusagen wird, schon gar nicht, wenn der Workshop als Pflichtveranstaltung deklariert wird – was zweifelsohne in vielen Fällen sein muss. Hinzu kommt, dass jeder Ihrer Mitarbeiter bestimmt seine Erfahrungen gemacht hat. Wer bereits auf mehreren Workshops war, hat vielleicht sogar das Gefühl, schon alles zu kennen und zu können. Es kann sein, dass jemand in der Vergangenheit zu der Erkenntnis gelangt ist, dass der letzte Workshop zwar ganz nett war, aber langfristig nichts gebracht hat, dass es sowieso immer das Gleiche ist und dass Sie ihm auch nichts Neues mehr bieten können. Lassen Sie den Betreffenden von seinen Erfahrungen erzählen und hören Sie gut zu, denn daraus können Sie als Veranstalter, Moderator oder Trainer nur lernen.

Werden Sie sich klar darüber, was Sie in Ihrem Workshop erleben wollen: Wozu möchten Sie die Teilnehmer veranlassen, was sollen sie Ihrer Meinung nach tun?

- Mitmachen oder nur dabei sein?
- Themen einstreuen oder sich nur berieseln lassen?
- Eigeninitiative zeigen oder nur auf Vorgaben aktiv werden?
- Verpflichtungen annehmen oder sie als lästige Pflicht sehen?

Wenn Sie möchten, dass Ihre Mitarbeiter aktiv teilnehmen, ist es in erster Linie wichtig, sie möglichst frühzeitig genau bei ihrem Wissensstand abzuholen. Damit geben Sie ihnen das Gefühl, dass sie für die Sache gebraucht werden, und betonen die Wichtigkeit jedes Einzelnen für die gesamte Mission. Sie können davon ausgehen, dass jeder, der von Anfang an ins Boot geholt wird, auch mitmacht, anstatt nur dabei zu sein. In einem solchen Rahmen lassen sich übrigens auch neue Kollegen wunderbar ins Team integrieren, ohne dass Sie dafür extra einen größeren Aufwand betreiben müssen.

Ermutigen Sie Ihre Mitarbeiter dazu, selbst Themen anzusprechen, sofern dies der Sache dienlich ist. Damit schließen Sie aus, dass sie sich einfach berieseln lassen oder den Workshop als lästige Pflichtveranstaltung sehen. Und Sie wecken damit auch die Eigeninitiative jedes Einzelnen, die nötig ist, um Aufgaben in Gang zu bringen. Wenn Sie Aktivität verordnen, wird sich das Engagement der Mitarbeiter bei der Umsetzung mit Sicherheit in Grenzen halten. Vielmehr geht es darum zu erreichen, dass Ihre Mitarbeiter die neue Aufgabe als freiwillige Verpflichtung gegenüber dem Unternehmen, der Abteilung und ihrem eigenen Arbeitsplatz verstehen. Wird die Teilnahme an einem Workshop zur Pflicht gemacht, werden die ersten Motivationsbremsen schon angezogen, bevor überhaupt der erste Gang eingelegt wurde.

Sie brauchen viel Fingerspitzengefühl, um sich auf jeden einzelnen Mitarbeiter einzustellen, Sie müssen aber ganz sicher keine Tiefenpsychologie beherrschen, um Ihren Mitarbeitern die Dringlichkeit und Notwendigkeit eines Workshops zu vermitteln. In schwierigen Fällen können Sie auch Ihre Mitarbeiter entscheiden lassen, wenn sie der Meinung sind, dass für ein bestimmtes Thema gar kein Workshop nötig ist. Verlangen Sie dann aber im Gegenzug, dass die damit zusammenhängenden Aufgaben innerhalb eines festgesetzten Zeitraums in Gang gebracht und vor allem durchgeführt werden.

Vielfach stellen die Mitarbeiter schon bald selbst fest, dass es sinnvoller ist, sich für zwei oder drei Tage ganz auf ein Thema zu konzentrieren, um ein Vorhaben auf eine gesunde Basis zu stellen. Denn wenn die Arbeiten dazu nebenbei zum Tagesgeschäft abgearbeitet werden, verlängern sich die Kommunikationswege, fällt die Abstimmung auf eine einheitliche Vorgehensweise schwerer, rückt der Start der Umsetzung in immer weitere Ferne.

Ihre Notizen

_____

_____

_____

_____

_____

Welche Erwartungen haben Sie an die Teilnehmer?

Bedenken Sie immer, dass Ihre eigenen Erwartungen an einen Workshop anders aussehen als die Ihrer Mitarbeiter. Formulieren und artikulieren Sie daher Ihre Erwartungshaltungen gegenüber den Teilnehmern bereits während der Einführung zum Workshop klar und deutlich. Lassen Sie keine Missverständnisse aufkommen und versuchen Sie in einfachen, eindeutigen Worten zu beschreiben, was Sie sich unter dem geplanten Vorhaben vorstellen. Auch die Teilnehmer beschreiben dann, was sie erwarten. Schließlich haben sie die Schlüsselpositionen während der Workshop-Tage inne, ohne sie wird es kein Ergebnis und im schlimmsten Fall auch keine neue Richtung oder Entscheidung geben – und schon gar keine daraus resultierende Umsetzung.

Je klarer beide Seiten ihre Erwartungen definiert und beschrieben haben, desto leichter ist es, immer wieder zu reflektieren, ob alle gemeinsam noch auf dem richtigen Weg sind, ob sich jeder Mitarbeiter mit dem Stand der Dinge identifizieren kann, ob die Erwartungshaltungen aller Beteiligten erfüllt werden oder ob das ganze Geschehen doch eher aus dem Ruder läuft. Sollte das der Fall sein, muss sofort gegengesteuert und ein neuer Kurs eingeschlagen werden. Der Dozent für Individualpsychologie Karlheinz Wolfgang hat das selbstverständliche Einfordern von unausgesprochenen Erwartungshaltungen mit einer knappen Formulierung gut auf den Punkt gebracht: „Erwartungen sind einseitige Verträge, von denen der andere nichts weiß."

Wenn Sie externe Teilnehmer, beispielsweise in Ideen-Workshops, mit an Bord haben, formulieren Sie ihnen gegenüber ebenfalls ganz klar Ihre Erwartungen. Das sind natürlich andere als gegenüber Ihren Mitarbeitern. Sie können sich zum Beispiel wünschen, dass sich alle Teilnehmer einen Tag lang darauf einlassen, grenzenlos zu spinnen, sich unmögliche Dinge zu überlegen und dabei Spaß zu haben, ohne über die Umsetzung und Realisierung der Ideen nachzudenken. Und genau das Gleiche gilt dann auch für Ihre Mitarbeiter – bis zu einem gewissen Zeitpunkt während eines Workshops darf jeder Anwesende unmögliche Dinge denken und aussprechen. Bremsen Sie diesen Prozess nicht, denn manchmal entstehen aus auf den ersten Blick verrückten Ideen Produkte, die sich mit dem notwendigen Feintuning umsetzen lassen und vielleicht sogar zu echten Kassenschlagern entwickeln.

Ihre Notizen

Wer übernimmt welche Aufgaben nach dem Workshop?

Unmittelbar nach dem Workshop beginnt eine arbeitsintensive Zeit für fast alle Beteiligten. Der Schwung und die Begeisterung für die Sache sind frisch, die Verpflichtung für die Aufgabe wird als selbstverständlich erachtet, denn dafür hat jeder Einzelne unterschrieben. Um nun keine Zeit zu verlieren, teilen Sie Ihren Mitarbeitern bereits vor dem Workshop bestimmte Aufgaben zu. Seien Sie sich im Klaren darüber, dass Sie hier unter Umständen umverteilen oder gewisse Zeitkontingente Ihrer Mitarbeiter neu planen müssen. Vielleicht braucht auch der eine oder andere Mitarbeiter noch eine Zusatzqualifikation, die er sich nicht rechtzeitig aneignen kann. Schätzen Sie daher bereits im Vorfeld ab, was auf Sie zukommen wird, wie viele Freiräume Sie schaffen müssen und wie viele neue Mitarbeiter Sie eventuell brauchen. Am besten ist es, wenn neue Mitarbeiter schon vor dem Workshop gefunden werden, damit sie so früh wie möglich ins Vorhaben einsteigen können. Die Matrix zur Einteilung der Mitarbeiter (siehe Seite 25) hilft Ihnen dabei, den Überblick zu behalten.

Legen Sie auf die besonderen Fähigkeiten Ihrer Mitarbeiter ein besonderes Augenmerk. Diejenigen, die sehr zahlen- und faktenorientiert sind, werden mit hypothetischen Spinnereien vielleicht weniger anfangen können als solche, die gerne querdenken. Gerade neue Projekte machen es Ihnen leichter, Mitarbeiter einmal gemäß ihren besonderen Fähigkeiten einzusetzen, auch wenn diese nicht unbedingt etwas mit der bisherigen Aufgabe im Unternehmen zu tun haben.

Mitarbeiter	Besondere Fähig- keiten	Bisherige Aufgaben	Frei wer- dende Kapazi- täten (in Pro- zent)	Neue Aufgabe	Neu zu planendes Zeitkontin- gent	Neue Zusatz- qualifikati- onen

Matrix zur Einteilung der Mitarbeiter

Was ist bei der Gestaltung des Budgetrahmens zu beachten?

Erschrecken Sie nicht, wenn Sie sich damit befassen, welche Kosten entstehen: Gute Workshops kosten gutes Geld. Sie können langfristig aber eine hervorragende Investition darstellen. Berücksichtigen Sie alle Kosten, auch die sekundären (Betriebszeiten). Sie sind meist höher als die Ausgaben für den Workshop an sich, fallen jedoch selten auf, weil sie sowieso in der Jahresplanung des Unternehmens enthalten sind.

Primärkosten	Posten	Betrag in Euro
	Workshop-Location für die gesamte Dauer inklusive der gesamten Verpflegung	
	Übernachtung für alle Teilnehmer	
	Material für Einladungen	
	Aktionen im Rahmenprogramm	
	Einladungen und Werbematerial	
	Konzeptentwicklung Workshop	
	Hilfsmaterial für Workshop	
	Give-aways oder kleine Geschenke	
	Gimmicks	
	Technik (Laptop, Beamer etc.)	
	Kosten für Moderator	
	Transportkosten (Bus, Mietfahrzeuge)	
	Gesamtkosten	

Sekundärkosten	Posten	Betrag in Euro
	Personalkosten für alle Teilnehmer	
	Ersatzpersonal für Vertretungen	
	Bereitstellung von Zusatzqualifikationen (Schulungen, Lehrgänge etc.)	
	Zusätzliches Personal für das Projekt	
	Gesamtkosten	

	Posten	Betrag in Euro
Sonstige Kosten	Nachbereitung der Unterlagen	
	Grafiker zur Aufbereitung der Nachbereitung	
	Gesamtkosten	

Ergänzen Sie die Tabellen um all die Posten, die außerdem noch anfallen, auch wenn es sich nur um kleine Summen handelt. So erleben Sie im Controlling keine bösen Überraschungen. Lassen Sie sich dieses Budget unbedingt von Ihrem Auftraggeber freigeben beziehungsweise abzeichnen.

Was ist sinnvoller: Projekt oder Programm?

Wenn Sie einen Workshop planen, berücksichtigen Sie, wie Sie unternehmerisch langfristig agieren wollen. Damit klären Sie auch, ob Sie erst einmal ein Projekt oder gleich ein langfristiges Programm starten sollten.

Der Begriff „Projekt" beinhaltet, dass es um ein Thema mit definiertem Start und einem noch genauer festgelegten Ende geht. Dabei bleibt der Zeitrahmen relativ überschaubar, der Plan, der mit diesem Projekt vorangetrieben wird, ist im Vorfeld bekannt. Projekte sind dann sinnvoll, wenn es um die Verbesserung technischer Arbeitsprozesse oder um eine ganz klar umrissene Umorganisation, zum Beispiel die Restrukturierung von Abteilungen, geht.

In Programmen hingegen werden Themen mit Langzeitcharakter bearbeitet. Sie eignen sich daher vor allem als Maßnahmen, wenn Verhaltensveränderungen, Bewusstseinsbildung und Umstellungen in den eigenen Reihen vorrangige Ziele sind. Besonders wenn es darum geht, ein neues Bewusstsein zu schaffen, ist es von Vorteil, wenn ein Vorhaben flexibel bleibt und immer wieder an die jeweilige Situation der Mitarbeiter und eventuell geänderte Rahmenbedingungen angepasst werden kann.

Damit geht einher, dass Programme in der Regel mehr Geld kosten als Projekte, da unter geänderten Bedingungen möglicherweise neue Methoden oder Vorgehensweisen gefunden und eingesetzt werden müssen. Da Projekte über einen kürzeren Zeitraum laufen und detaillierter geplant werden, ist die Wahrscheinlichkeit dafür, dass sich hier Grundlegendes ändert, deutlich geringer.

Ein weiteres wichtiges Merkmal für ein Programm: Schon bei der Planung wird ein übergeordnetes Motto entwickelt, das für alle Mitarbeiter im Unternehmen gilt und für die gesamte Dauer des Vorhabens gelten soll, selbst wenn es mehrere Jahre umfasst oder sich sogar auf die gesamte Zukunft des Unternehmens bezieht. Das Motto wird – abhängig von den jeweiligen Aufgabenbereichen – auf die einzelnen Abteilungen oder Mitarbeiterteams im Unternehmen heruntergebrochen und spezifiziert. Um den Erfolg des Programms messen zu können, werden kleinere Zielvereinbarungen mit den jeweiligen Beteiligten ausgehandelt, die zu einem bestimmten Zeitpunkt erfüllt sein müssen. In Projekten arbeitet man nach dem Projektplan, das ist eine technische Zielvereinbarung, die Zeitschienen und Ergebnisse umfasst.

Beachten Sie außerdem Folgendes: Sowohl Programme als auch Projekte brauchen Treiber, Menschen, die sich über einen langen Zeitraum darum kümmern, immer wieder neue Impulse zu setzen und neuen Schwung in ein Vorhaben zu bringen, um es am Leben zu erhalten. Und zwar so lange, bis alle Ziele erreicht sind. Achten Sie daher schon bei der Planung darauf, dass Sie über die notwendigen Kapazitäten verfügen. Stellen Sie nach dem Workshop fest, dass Sie niemanden im Team haben, der das Vorhaben verantwortlich als Treiber fortführen kann, ist es zum Scheitern verurteilt. Sorgen Sie dafür, dass der Verantwortliche genug Freiraum bekommt, vielleicht indem Sie seine bisherigen Aufgaben an Kollegen oder einen neuen Mitarbeiter weitergeben.

Wer soll den Workshop leiten?

Das ist eine Frage, die sich bei jeder Workshop-Planung stellt und gleich weitere Überlegungen auslöst: Was genau macht einen guten Moderator aus? Wer kommt für das geplante Thema infrage und was muss diese Person leisten können? Wenig hilfreich ist die Zusammenarbeit mit einem Superstar oder Übermenschen: dem Typ Mann oder Frau, der alle technischen Finessen und Tricks beherrscht, der sich aalglatt durch alle schwierigen Situationen navigiert, jedes Fettnäpfchen geschickt umgeht und immer die richtige Atmosphäre schafft, ohne dass sein eigenes Befinden zum Tragen kommt. Geeigneter sind Menschen mit Profil, mit Ecken und Kanten, denn nur dann können sich die einzelnen Teilnehmer auch mit dem Workshop-Leiter identifizieren und ihn mit seinen Aussagen und als Person ernst nehmen und akzeptieren.

Wenn es um die Eigenschaften einer Moderatorin oder eines Moderators geht, dann steht an erster Stelle die soziale Kompetenz. Er oder sie müssen das notwendige Fingerspitzengefühl haben, sich sprachlich auf Menschen einstellen können und sich entsprechend sicher verhalten. Beispielsweise wird auf der Managementebene anders kommuniziert als unter Mitarbeitern aus Entwicklungs- oder Produktionsbereichen. Auch auf die jeweils aktuelle Situation muss der Moderator schnell und richtig reagieren können. Dazu ist nicht unbedingt technisches Know-how, sondern ein gutes Gespür für Menschen nötig. Ein guter Moderator erkennt zum Beispiel, wann eine straffe Leitung und wann ein Rückzug angebracht ist. Sein eigener Stil und seine Persönlichkeit tragen dazu bei, dass er bei seiner Arbeit glaubwürdig wirkt.

Ein Moderator ist in erster Linie ein Mensch mit Stärken und Schwächen, mit Sympathien und Antipathien. Und genau dies zeichnet ihn aus. Das heißt nicht, dass er seine Eigenarten voll auslebt, sie sollten aber zur rechten Zeit und in der passenden Dosis spürbar werden. Sie haben es vielleicht selbst schon erlebt: Wenn der Moderator eine Leidenschaft für seine Arbeit mitbringt und ihm seine Arbeit Spaß macht, kann er die Teilnehmer mitreißen und motivieren.

Behalten Sie diese Überlegungen im Hinterkopf, wenn Sie zunächst einmal grundsätzlich entscheiden, wer den Workshop leiten soll. Als Moderator kommen in der Regel folgende Personen infrage:

- Der Chef als Moderator

- Ein externer Moderator

- Ein interner Moderator aus einer benachbarten Abteilung

Außerdem empfiehlt es sich – falls Workshops mit größeren Gruppen oder komplexeren Themen geplant sind – Co-Moderatoren hinzuzuziehen. Niemand ist dazu fähig, sich auf 20 Personen gleichzeitig zu konzentrieren oder bei einer Gruppenarbeit allen Teilnehmern mit Rat und Tat zur Seite zu stehen.

Der Chef als Moderator

Der Vorteil dieser Variante ist, dass Sie wissen, wo der Workshop hinführen soll, dass Ihre Ziele klar definiert sind und dass Sie mitten im Thema stecken. Doch kann das unter Umständen auch zum Problem werden, nämlich dann, wenn es um hierarchische Konflikte geht. Wahrscheinlich werden Sie unter diesen Umständen während des gesamten Workshops nicht auf den Punkt kommen. Da Sie Ihre Mitarbeiter sehr gut kennen und Ihre Mitarbeiter wiederum Sie als Chef, werden sie manche Aspekte eher totschweigen, als sie zur Sprache zu bringen.

Darüber hinaus stellt sich die Frage, ob Sie sicher mit Workshop-Methoden umgehen und sich so weit vom Thema distanzieren können, dass Sie Räume für Kreativität und Spinnereien schaffen. Das gehört schließlich nicht zu Ihren täglichen Aufgaben. Wenn Sie ein sehr entspanntes Verhältnis zu Ihren Mitarbeitern haben, ist es auch eine Überlegung wert, ob Sie nicht selbst am Workshop teilnehmen und das Zepter einem anderen in die Hand geben wollen.

Fazit: Der Chef als Moderator ist in der Regel die schlechteste Wahl, denn Tabuthemen werden vor ihm kaum angesprochen.

Ein externer Moderator

Das wichtigste Merkmal von Externen ist, dass sie keine Betriebsblindheit mitbringen. Sie stehen dem Thema des Workshops sehr neutral gegenüber und sind hierarchisch nicht im Unternehmen verwurzelt. Zudem sind Moderatoren in Methoden und deren Anwendung ausgebildet, sodass sie sich auf verschiedene Situationen leichter einstellen können. Sie leiten den Workshop, ohne dass sie sich mit den zu bearbeitenden Inhalten im Detail auskennen müssen.

Dennoch braucht ein guter externer Moderator eine gewisse Vorlaufzeit, binden Sie ihn daher rechtzeitig in Ihr Vorhaben ein. Er entwickelt zusammen mit Ihnen das Konzept, übernimmt einen Teil, im besten Fall sogar die gesamte Vorbereitung, sodass Sie sich auf Ihr Tagesgeschäft konzentrieren können.

Da Externe aber oft als Gurus angesehen werden, die neue, innovative und bahnbrechende Konzepte an den Start bringen, deren Tauglichkeit häufig angezweifelt wird, ist es notwendig, etwas für die Akzeptanz des Externen zu tun.

Fazit: Eine sehr gute Wahl, die jedoch höhere Kosten verursacht.

Ein interner Moderator aus einer benachbarten Abteilung

Die Wahl eines „internen externen" Moderatoren ist in größeren Unternehmen an der Tagesordnung. Dabei handelt es sich um Mitarbeiter aus den Bereichen Personalentwicklung oder Change Management. Sie sind in Moderation und Methodik ausgebildet, kennen das Unternehmen mit seinen inneren Strukturen und Prozessen, ohne dabei aber zu tief im Thema zu stecken.

Allerdings sind die internen Moderatoren oft an die üblichen Vorgehensweisen in der Personalentwicklung des Unternehmens gebunden, sodass Workshops oftmals nach dem immer gleichen Schema ablaufen, einfach weil dies Standard ist.

Fazit: Eine gute Alternative zum externen Moderator, weniger kostenintensiv, unter Umständen jedoch weniger innovativ, daher auch weniger erfolgreich.

Was Sie von einem Moderator erwarten dürfen

Ein guter Moderator zeichnet sich dadurch aus, dass er bestens vorbereitet ist. Dazu durchdenkt er den Workshop vorab in allen Einzelheiten, bereitet ihn akribisch vor und weist auf Eventualitäten oder Außergewöhnliches hin. Außerdem entwickelt er Fallbacklösungen, die dann greifen, wenn der erste Lösungsansatz nicht zum gewünschten Ergebnis führt, erarbeitet die komplette Inszenierung für den Workshop, führt sicher durch die Veranstaltung und gibt allen Teilnehmern zeitnah eine Nachbereitung an die Hand, mit der sie weiterarbeiten können. Im Einzelnen erbringt der Moderator die folgenden Leistungen.

Der optimale Rahmen

Wie ein Workshop zu inszenieren ist, hängt von seiner Art und seinem Thema ab. Diese Aufgabe beinhaltet die Auswahl der Location ebenso wie die Gestaltung des Rahmenprogramms, das sich außerhalb der Arbeitszeiten abspielt und zur Entspannung gedacht ist. Der Moderator kümmert sich um jedes Detail – von der Raumbestuhlung bis hin zu funktionierenden Stiften und ausreichend Material. Was er den Teilnehmern genau bietet, entscheidet er, zum Beispiel sind kleine Gimmicks, die im Verlauf des Workshops angewandt werden, ein zusätzlicher Bonus.

Einladungen

Jeder Teilnehmer bekommt mit einer gewissen Vorlaufzeit vom Moderator eine Einladung zum Workshop. Sie soll ihn auf das Thema vorbereiten und einen positiven Impuls setzen.

Wake-up

Darunter verstehen wir das „Abholen" und Einstimmen der Teilnehmer. Zu Beginn des Workshops müssen alle aus der Gruppe auf den gleichen Wissensstand gebracht werden. An Folgetagen fallen auch Zusammenfassungen des bisher Erarbeiteten und die klare Zielkommunikation für den Tag unter diesen Begriff.

Erwartungshaltungen

Am Anfang eines jeden Workshops werden auch die Erwartungshaltungen der einzelnen Teilnehmer abgefragt. Das ist wichtig, um eventuelle Unstimmigkeiten klären und das Verständnis aller auf einen Nenner bringen zu können.

Polarisieren und provozieren

In jedem Workshop gibt es Situationen, in denen sich die Teilnehmer in ein Thema oder eine Diskussion verbeißen. Jetzt braucht es einen Störer, jemanden, der einen Gegenstrom in Gang setzt, der polarisiert und provoziert. Indem der Moderator auf diese Weise eingreift, regt er die Teilnehmer zum Denken und Hinterfragen an und gibt der festgefahrenen Situation eine neue Dimension und Richtung.

Methodenwechsel

Methoden in Workshops sind wichtig, dabei sollte jedoch kein Methodenmarathon durchlaufen werden. Sie sind als Hilfsmittel und Werkzeuge gedacht, mit denen der kreative Prozess unterstützt wird. Ein guter Moderator setzt lieber weniger Methoden, dafür aber die richtigen zur richtigen Zeit ein. Ein Wechsel ist angesagt, wenn die Gruppe in einer Sackgasse steckt und eine Richtungsänderung nötig wird.

Einfangen

Wenn Diskussionen zu hitzig werden und das Geschehen aus dem Ruder zu laufen droht, ist der Moderator da, um alle wieder einzufangen. Er führt die Teilnehmer zum Thema zurück und bringt sie wieder auf den Boden der Tatsachen. Dabei muss er genau den richtigen Zeitpunkt finden: Greift er zu früh ein, kämpft er gegen Windmühlen auf Hochbetrieb. Wenn er zu spät handelt, kann es sein, dass sich einige der Teilnehmer bereits auf einer persönlichen Ebene betroffen fühlen und zu keinem Dialog mehr bereit sind. Der Moderator wirkt in solchen Situationen am besten als ruhiger Gegenpol zur hitzigen Gruppe.

Exkursionen

Der Moderator erstellt für den gesamten Workshop einen Zeitplan. Allerdings hält er sich dann nicht akribisch an sein Zeitraster, sondern lässt hilfreiche Exkurse zu Seitenthemen zu. Auf der anderen Seite holt er die Teilnehmer wieder zum Ausgangspunkt oder zum Zwischenergebnis zurück, wenn die Abweichung für das Ergebnis nicht mehr sinnvoll ist.

Aussortieren und zusammenfassen

In gewissen Zeitabständen ist es notwendig, die bis dahin erarbeiteten Ergebnisse zu sortieren und einzuordnen. Ziel ist eine Zusammenfassung, die den Teilnehmern auf einen Blick zeigt, wo sie stehen und an welcher Stelle sie weitermachen müssen. Hier spielt die gekonnte Visualisierung der Ergebnisse eine wesentliche Rolle.

Pausen

Die Teilnehmer in Workshops arbeiten augenscheinlich lockerer als im Tagesgeschäft, dafür aber viel konzentrierter. Denn sobald sie nicht beim Thema sind, verlieren sie den Anschluss. Genügend Pausen zur richtigen Zeit, ein verordneter kurzer Spaziergang oder eine Runde um den Block helfen, damit sich jeder danach wieder neu konzentrieren kann.

Feedbackschleifen

Im Tagesgeschäft nutzen wir Feedbacks, um über ein Thema sachlich zu kommunizieren, Ergebnisse abzugleichen und Korrekturen abzustimmen. In Workshops wird eine eigentlich unnötige Feedbackschleife eingelegt, denn der Moderator weiß, ob die Arbeit noch auf Kurs ist. Für die Teilnehmer kann es hingegen nach einem halben Tag so aussehen, als würden sie sich vom Thema eher entfernen, als dass sie zum Kern vordringen. Dies kann manchmal vom Moderator durchaus gewünscht sein, denn häufig kommen wir über völlig andere Beispiele oder Ansätze aus fremden Branchen zu einem besseren Ergebnis. In diesem Fall muss der Moderator das aber zur Halbzeit oder am Ende eines Tages erklären, ansonsten entsteht bei den Teilnehmern ein eher schlechtes Gefühl.

Sondieren und eingrenzen

Der Erfolg von Workshops basiert auf einer gesunden Wechselwirkung zwischen Arbeitsklima und Arbeitsfortschritt. Fortschritt ist nur dann möglich, wenn ein gutes zwischenmenschliches Klima herrscht. Zeichnen sich daraus erste Erfolge ab, bleibt wiederum die Stimmung gut.

Falls trotz förderlicher Atmosphäre keine Fortschritte erzielt werden, ist der Moderator gefragt. Er grenzt das hinderliche Problem zusammen mit den Teilnehmern ein, stellt die richtigen Fragen und schlägt eine neue Herangehensweise vor, um das Hindernis zu beseitigen.

Nachbereitung

Nach jedem Workshop sollte eine Nachbereitung erfolgen, und zwar möglichst zeitnah, also innerhalb von zwei bis drei Tagen nach Workshop-Ende. Erhalten die Teilnehmer die entsprechenden Unterlagen so bald wie möglich, können sie umso mehr Schwung und Elan aus den vergangenen Tagen mitnehmen.

Wie Sie den passenden Moderator finden

Wenn es darum geht, den passenden Moderator für Ihren Workshop zu finden, stellen Sie sich die folgenden Fragen:

- Hat der von Ihnen gewünschte Moderator die nötigen zeitlichen Freiräume, um den Workshop vorzubereiten, durchzuführen und ihn nachzuarbeiten?

- Hat der von Ihnen gewählte Moderator bereits Erfahrung darin, einen Workshop vorzubereiten?

- Ist der ausgesuchte Kollege oder die Kollegin sicher in der Moderation und souverän im Umgang mit den entsprechenden Kniffen?

- Ist der Moderator sicher, wenn es um die Methoden und deren Anwendung geht?

- Hat der Moderator den nötigen fachlichen Abstand zum Thema, so-- dass er den Workshop neutral leiten kann?

- Hat der Moderator die nötige Kenntnis, Menschen zum Spinnen und Querdenken zu motivieren?
- Verfügt der ausgesuchte Moderator über die notwendigen sozialen und kommunikativen Kompetenzen?
- Kann der ausgesuchte Moderator erkennen, wann es an der Zeit ist zu polarisieren und zu provozieren?
- Hat die Person Spaß an der Arbeit als Moderator?
- Hat der Moderator die Fähigkeit, wichtige Aspekte von Themen zu erkennen, Kernthemen zu sondieren und Wichtiges einzugrenzen?
- Trauen Sie sich selbst die Moderation zu?

Haben Sie sich dafür entschieden, einen externen Workshop-Leiter zu suchen, laden Sie potenzielle Kandidaten zu einem Gespräch ein, das ähnlich abläuft wie ein Bewerbungsgespräch. Orientieren Sie sich dabei ebenfalls an den oben aufgelisteten Fragen. Finden Sie heraus, ob der betreffende Trainer zu Ihnen und Ihrem Unternehmen passt und ob Sie ihm zutrauen, Ihre Ziele in Ihrem Sinne zu verfolgen. Fordern Sie auch ruhig Referenzen ein und informieren Sie sich, welche Erfahrungen andere mit den von Ihnen ins Auge gefassten Trainern gemacht haben.

Es kann zudem sein, dass Sie nicht nur einen Moderator, sondern auch gleich einen Projektleiter suchen, der nach dem Workshop die Umsetzung betreut. Für diesen Fall möchte ich Sie noch auf eine Besonderheit hinweisen. Ein Projektmanager muss danach streben, seinen Job so schnell wie möglich zu beenden. Das ist atypisch, denn die meisten Menschen wollen einen möglichst sicheren Arbeitsplatz. Deswegen muss auch ein besonderes Anreizsystem für den Projektmanager geschaffen werden. Als Motivationsfaktoren kommen unter anderem infrage:

- Freude an der Verantwortung
- Persönliche Befriedigung durch den Erfolg
- Steigerung des Selbstwertgefühls dadurch, dass die Herausforderung angenommen wird
- Steigerung der Wertschätzung durch die Kollegen
- Sondervergünstigungen und Prämien
- Bewährungschance für Beförderungen

Vor allem sollten Sie vorher kommunizieren, dass, wenn der Mitarbeiter Ihrer Wahl das Projekt erfolgreich abschließt, interessante neue Aufgaben oder sogar eine Beförderung auf ihn warten.

Ihre Notizen

_____

_____

_____

_____

_____

Nehmen Sie sich ausreichend Zeit für die Vorbereitung

Die Vorbereitung eines Workshops erfordert viel Zeit, vor allem wenn Sie wollen, dass er sowohl inhaltlich als auch in Hinblick auf das Erlebnis zu einem Highlight wird. Und Sie werden feststellen, dass unabhängig davon, ob der Workshop drei Stunden dauert oder drei Tage, die Vorbereitungszeit nahezu die gleiche bleibt. Was Sie auch immer vorhaben, die Details erweisen sich eigentlich immer als umfangreicher, als man auf den ersten Blick vermuten möchte.

Einen großen Teil davon werden Sie zusammen mit dem Workshop-Leiter erledigen (siehe Checkliste Seite 51ff.). Doch als Erstes fassen Sie einmal den Beschluss, dass der angedachte Workshop tatsächlich notwendig und sinnvoll ist. Dann legen Sie fest, in welchem Zeitraum diese Veranstaltung stattfinden soll. Informieren Sie schon jetzt vorab diejenigen, die wahrscheinlich am Workshop teilnehmen sollen, und berücksichtigen Sie bei Ihrer Planung Urlaube und bestehende Termine.

Ihre nächste wichtige Aufgabe besteht darin, einen Workshop-Leiter auszuwählen. Bevor Sie sich mit diesem treffen, erstellen Sie ein erstes Konzept für den Workshop. Es dient Ihnen als Grundlage für das Briefing.

Machen Sie mit der Person Ihrer Wahl auch gleich Termine für das Rebriefing aus, in dem es darum geht, ob der Workshop-Leiter Ihre Vorgaben und Anhaltspunkte richtig verstanden hat.

Warum Sie nach dem Workshop einen Treiber brauchen

Nach dem Workshop kann der externe Moderator das Programm weiter begleiten, sofern das vom Unternehmen gewünscht ist. Ein interner Moderator übernimmt nach dem Workshop oftmals die Funktion des Projektmanagers und bleibt daher sowieso beim Thema. Auf jeden Fall ist ein Treiber erforderlich, der diese Aufgaben übernimmt:

- Koordination aller Termine
- Dokumentation des Programmfortschritts
- Kommunikations- und Multiplikationsstelle, die für das gesamte Unternehmen zuständig ist
- Ansprechpartner und Koordinator für alle offenen Punkte
- Neutraler und kritischer Beobachter
- Planer und Treiber für alle schrittweisen Umsetzungen
- Schnittstellenkoordinator zur Top-down- sowie zur Bottom-up-Kommunikation, die zwischen den verschiedenen hierarchischen Ebenen stattfindet
- Weiterentwicklung des Programms

Externer oder interner Berater?

Auch hier gilt wieder, dass der externe Berater zwar Kosten verursacht, aber nicht erst von anderen Pflichten entbunden werden und sich Kapazitäten freischaufeln muss. So kann er sich komplett auf das Programm konzentrieren. Für den Internen hingegen müssen Sie die Kapazitäten und Freiräume schaffen, damit er die Aufgabe tatsächlich erfüllen kann. Dafür ist er mit den Unternehmensgepflogenheiten vertraut, kennt die Menschen darin und deren Probleme.

Allerdings ist es nicht leicht, den passenden internen Berater zu finden. Das Auswahlprofil muss vorher definiert werden, die jeweiligen Vorgesetzten müssen dem zustimmen und der Interne braucht eine Vorlaufzeit, um sich die Fähigkeiten eines Moderators anzueignen oder eine entsprechende Ausbildung zu machen. Zudem empfindet es der betreffende Mitarbeiter vielleicht nicht unbedingt als einen Segen, an einem internen Programm mitzuarbeiten. Denn für ihn bedeutet das auf emotionaler Ebene möglicherweise eine Verschlechterung, falls er andere berufliche Pläne geschmiedet hat. Er muss dann verstehen, dass diese Aufgabe keine Bestrafung, sondern eine Herausforderung und vor allem Erfahrung für kommende Aufgaben darstellt. Vielleicht kommen Sie seinen Wünschen entgegen, indem Sie ihm anbieten, nach dem Workshop das zu bearbeitende Thema als verantwortlicher Projektleiter weiterzutreiben.

Eine gute Kombination

Bewährt hat sich die Zusammenarbeit eines Externen als Berater und des internen Projektmanagers. Bei dieser Variante können beide Seiten voneinander lernen und profitieren. Der Interne verschafft dem Externen Zugang zu innerbetrieblichen Stellen, der Externe zeigt dem Internen, wie er die Funktion als Treiber erfüllen kann. Dafür vermittelt der Externe ihm Methoden und Kompetenzen, die nötig sind, um die Situation im Unternehmen von außen zu betrachten. Auf diese Weise kann auch der Interne neue Ideen beisteuern, aus der Routine ausbrechen und neue Wege erschließen.

Sobald damit begonnen wird, die Ergebnisse aus dem Workshop umzusetzen, arbeiten Projektleiter und Berater Hand in Hand. Als besonders sinnvoll hat es sich erwiesen, zunächst für Quick Wins zu sorgen; damit sind kleinere Maßnahmen gemeint, deren Erfolg sofort sichtbar wird. Die Kommunikation spielt ab sofort eine sehr wichtige Rolle. Niemand soll das Gefühl bekommen, dass nach dem Workshop nichts mehr passiert oder einer der Beteiligten zu wenig oder gar keine Information bekommt. Durch regelmäßiges Informieren werden der aktuelle Stand und das Fortschreiten des Programms für alle sichtbar.

Die Kommunikation mit dem „Rest des Unternehmens" ist genauso wichtig. Wird hier nachlässig vorgegangen, kommt sehr schnell der Verdacht auf, dass Ihre Abteilung ein eigenes Süppchen kocht und im Alleingang unterwegs ist. Es kann böse Folgen haben, wenn Zaungäste jede Menge Informationen streuen, ihre Interpretationen von Geschehenem weitergeben und die Gerüchteküche zusätzlich am Brodeln halten. Auch in dieser

Situation ist ein externer Berater hilfreich, denn er weiß, wie er zusammen mit dem Internen ein Kommunikationskonzept in Gang setzen kann, das alle Ebenen des Unternehmens abdeckt.

Wenn Sie sich für die Kombination entscheiden, legen Sie Routinen für die beiden Beteiligten fest, zum Beispiel Termine, an denen sie sich zusammensetzen, sich austauschen und neue Strategien entwickeln können. Schaffen Sie für beide einen optimalen Rahmen, passende Zeitfenster und vor allem die notwendigen Aktionsradien. Öffnen Sie ihnen, wenn es notwendig wird, Türen zu anderen Abteilungen und halten Sie ihnen den Rücken frei. Je mehr sie unterstützt und von höherer Stelle befürwortet werden, desto schneller wird sich der gewünschte Erfolg einstellen.

Auch an dieser Stelle ist die Kommunikation von besonderer Bedeutung. Es darf keine Einbahnstraßenkommunikation geben, vielmehr muss der Informationsfluss hierarchisch gesehen sowohl von oben nach unten als auch von unten nach oben gewährleistet sein. Speziell im zweiten Fall lohnt es sich, sehr genau hinzuhören. Denn Aussagen, die aus den Mitarbeiterreihen kommen, enthalten möglicherweise Inhalte, die Emotionen und Ressentiments transportieren. Sie müssen unbedingt berücksichtigt werden, damit Sie wissen, wie ausgeprägt die Akzeptanz eines Vorhabens bei den Mitarbeitern ist und ob noch alle dahinterstehen. Wirken Sie Ängsten entgegen, nehmen Sie aber auch Anregungen, Ideen oder neue Vorschläge auf.

Planer und Treiber

Auf das Thema „Planer und Treiber" möchte ich hier noch einmal besonders eingehen. Gerade wenn es darum geht, Mitstreiter zu finden oder ein Bewusstsein für eine Sache zu wecken, müssen Sie sehr vorsichtig vorgehen. Sie können ein Programm nicht von oben verordnen, vielmehr wird es nur langsam in den täglichen Arbeitsprozess einfließen. Das ist eine mühsame und langwierige Angelegenheit. Machen Sie sich davon frei, schon morgen eine Änderung verspüren zu wollen, wenn Sie erst heute eine neue Vorgehensweise angeregt haben. Leben Sie vielmehr das Neue vor und ändern Sie das Gewünschte in kleinen Schritten. Und wie schon erwähnt: Veränderungen können auch Ängste und Unsicherheiten bei Kollegen oder Mitarbeitern hervorrufen. Wenn Sie den Weg aber nach und nach zurücklegen, wird die Wirkung der Maßnahmen nachhaltiger sein und diese werden bei den Kollegen weniger „Veränderungsschmerzen" hervorrufen.

Ihre Notizen

_____

_____

_____

_____

_____

Exkurs: Wie funktioniert Kommunikation?

An dieser Stelle möchte ich einen kleinen Ausflug in Sachen Kommunikation unternehmen. Machen Sie sich noch einmal bewusst, wie sie abläuft und funktioniert. Setzen Sie dieses Wissen, das Sie mithilfe der folgenden Ausführungen auffrischen können, bei der Planung, Durchführung und Nachbereitung des Workshops ein.

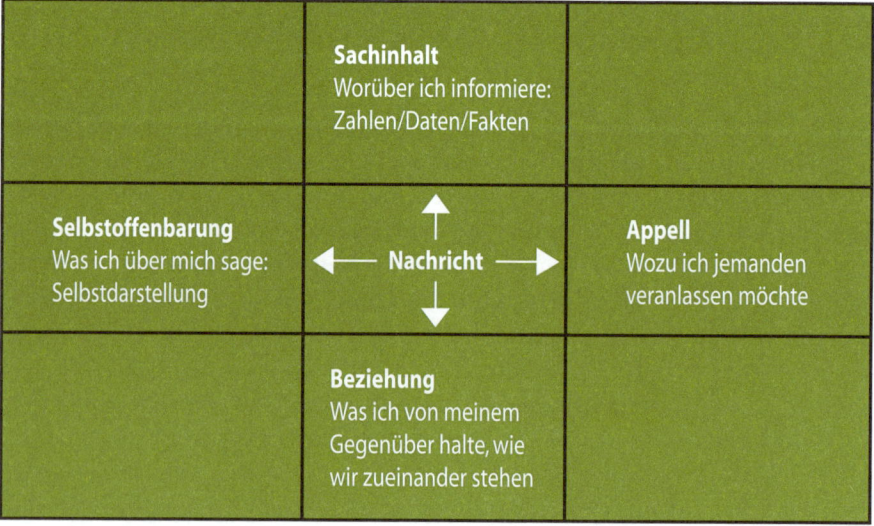

Die vier Aspekte einer Nachricht aus Sicht des Senders

Jede Botschaft hat vier Aspekte, die den Empfänger gleichermaßen beeinflussen. Nur wenn sie alle in einer Nachricht enthalten und im Gleichgewicht sind, kann Kommunikation funktionieren.

Selbstoffenbarung Was ist das denn für einer? Was ist mit ihm?	**Sachinhalt** Was will er denn von mir? Was soll ich mit der Infomation anfangen, wie soll ich sie verstehen?
Beziehung Wie redet er denn mit mir? Was glaubt er, wen er vor sich hat?	**Appellebene** Was soll ich aufgrund der Mitteilung tun, denken, fühlen?

Die vier Aspekte einer Nachricht aus Sicht des Empfängers

Der Empfänger besitzt theoretisch vier Ohren. Abhängig davon, welches davon gerade vorrangig auf Empfang geschaltet ist, verläuft das Gespräch auf ganz unterschiedliche Art und Weise. Die Botschaften, die transportiert werden sollen, nimmt der Empfänger entsprechend seiner eigenen Haltung auf.

Sachinhalt: Immer wenn es um reine Sachinformation geht, steht die Sachlichkeit der Nachricht im Vordergrund. Sie wird erreicht, wenn die Verständigung auf dieser Ebene weiterkommt, ohne dass Begleitbotschaften, die den anderen Seiten der Nachricht angehören, störend die Oberhand gewinnen.

Appellebene: Kaum eine Nachricht wird nur einfach so ausgesprochen. Vielmehr ist es so, dass jede Information auf den Empfänger Einfluss nimmt. Mit dem Gesagten soll der Empfänger veranlasst werden, bestimmte Dinge zu tun oder zu unterlassen, auf eine bestimmte Art zu denken und/oder zu fühlen. Warum bleiben dann einige Appelle wirkungslos und kommen nicht an?

- Weil sich Menschen ihrer Freiheit beraubt fühlen, wenn man ihnen Vorschriften macht

- Weil Appelle auf der Gefühlsebene verbreitet werden

- Weil Appelle spontanes Handeln verhindern

- Weil Appelle selektiv wahrgenommen werden, der Empfänger hört nur das, was er hören will

Selbstoffenbarung: In jeder Nachricht stecken nicht nur Sachinhalte, sondern auch Informationen über die Person, also den Sender. Mit dieser Seite sind viele Schwierigkeiten der zwischenmenschlichen Kommunikation verbunden, zum Beispiel wenn verbale und nonverbale Kommunikation nicht übereinstimmen. Zu Problemen führen hier unter anderem Minderwertigkeitsgefühle, Selbstoffenbarungsängste oder der Widerspruch zwischen eigener Realität und gesellschaftlichen Normen.

Beziehung: Aus diesem Aspekt der Nachricht geht hervor, wie der Sender zum Empfänger steht. Oft zeigt sich das in den gewählten Formulierungen, im Tonfall und in körpersprachlichen Begleitsignalen. Eine Nachricht senden heißt also auch immer, dass die folgenden beiden Informationen mitschwingen: was der Sender vom Empfänger hält und wie die Beziehung zwischen Sender und Empfänger aussieht.

Auf diese Seite einer Nachricht reagiert der Empfänger besonders empfindlich, denn hier fühlt er sich als Person in bestimmter Weise behandelt (oder misshandelt), hier kommt die Wertschätzung zum Ausdruck. Ist die Beziehungsebene gestört, wallt ein sogenannter psychologischer Nebel auf, der Inhalte auf der Sachebene zum großen Teil oder gar ganz überdeckt. Hier gilt wieder: Der Empfänger versteht das, was er aus seiner Sicht verstehen will.

Man kann nicht nicht kommunizieren

Ob wir miteinander streiten, hitzig diskutieren, monologisieren oder uns gegenseitig anschweigen, immer handelt es sich um Kommunikation. Das bedeutet: Auch wer nichts sagt, kommuniziert. Der Empfänger einer Botschaft nimmt das gesprochene Wort auf, entscheidet sich aber, nichts darauf zu antworten. Dennoch stuft er das Gesagte für sich selbst ein und drückt über seine Mimik und Gestik die Grundhaltung dazu aus, zum Beispiel Ablehnung oder Zustimmung. Kommunizieren heißt daher immer auch, Beziehungen aufzubauen. Beziehungen sind Bauch- und Emotionssache, Sachbotschaften hingegen reine Kopfsache.

Kommunikation = 10 % Kopf und 90 % Bauch:
Meinen – Sagen – Hören – Verstehen

Die vier aufgezeigten Kommunikationsaspekte zeigen deutlich die Verteilung von Kopf und Bauchebene einer Botschaft: zehn Prozent Kopf, also Sachbotschaft, und 90 Prozent Bauch, also Beziehungsaufbau. Denn jede Botschaft, die an einen Empfänger gerichtet ist, wird zuerst mit Emotionen belegt; das zeigt sich bereits in den Fragen, die sich der Empfänger der Botschaft stellt. Legen Sie dieses Modell auf die Kommunikation in Ihrem Projekt um. Halten Sie alle vier Seiten möglichst ausgewogen, das heißt, achten Sie darauf, dass Informationen möglichst sachlich transportiert werden und eine klare Abgrenzung zwischen der tatsächlichen Information und den emotionalen Aspekten einer Nachricht geschaffen werden.

Nutzen Sie alle im Unternehmen verfügbaren Wege, um zur rechten Zeit zu kommunizieren. Halten Sie Vorträge, verschicken Sie E-Mails, nutzen Sie das Intranet oder schreiben Sie für die Unternehmenszeitung. So bleibt jeder Ihrer Mitarbeiter immer auf dem Laufenden und kann sich nicht über zu wenig Information oder gar das Fehlen von Information beklagen.

Stufe 2: Vorbereitung des Workshops

Jeder Workshop – egal wie umfangreich – erfordert eine akribische und detaillierte Vorbereitung. Gehen Sie systematisch vor, machen Sie sich einen Masterplan und erleichtern Sie sich damit das Arbeiten.

Jedem guten Workshop muss ein schlüssiges Gesamtkonzept zugrunde liegen. Dieses Konzept entwickelt der Moderator. Ob interner oder externer Moderator spielt dabei keine Rolle, denn beide müssen sich die gleichen Fragen zum Workshop stellen. Der externe Moderator muss vielleicht mehr nachfragen, weil er mit den Gegebenheiten im Unternehmen nicht so vertraut ist wie der interne Moderator, dafür bringt er aber eine unbelastete Außensicht mit ein. Der interne Moderator weiß im Unternehmen Bescheid, denn er kennt die „Innenpolitik", dafür hat er aber selten einen neutralen Blick. In manchen Fällen leidet er sogar unter der sogenannten Betriebsblindheit.

Die sieben Ws: Wo? Warum? Was? Wer? Wann? Wie? Wie viel?

W-Fragen schaffen Transparenz und sind damit ein sehr gutes und äußerst pragmatisches Instrument, um schnell ein Ziel beziehungsweise ein Ergebnis formulieren zu können. Darüber hainaus haben W-Fragen den Vorteil, dass sich mit ihnen fast die gesamte Palette der Informationslücken zu einem Thema schließen lässt, sodass sich ein komplexes und umfassendes Bild ergibt. Wir nutzen die sieben Ws, um Workshops optimal vorzubereiten. Sie helfen dabei, alle mit dem zentralen Thema verbundenen Punkte zu berücksichtigen und einen Überblick über die künftig zu bearbeitenden Aufgaben zu bekommen.

Wo?

Die Frage nach dem „Wo" führt zunächst zu einer Analyse der aktuellen Ist-Situation. Damit werden zunächst die Handlungsfelder eingegrenzt, um dann möglichst gezielt auf einzelne Aspekte eingehen zu können. Wo stehen wir im Augenblick?

- Wo sind unsere Stärken?
- Wo sind unsere Schwächen?
- Wo haben wir aktuell die größten Probleme?
- Wo liegen unsere Potenziale?
- Wo sind die Trends für die Zukunft?
- Wo ist unser relevantes Umfeld, in dem wir künftig agieren wollen?

- Wo können wir künftig einsparen?
- Wo können wir ausbauen?

Warum?

Die Frage nach dem „Warum" kennen wir von Kindern. Doch auch wenn es manchmal anders zu sein scheint: Sie fragen nicht danach, um uns zu ärgern, sondern weil sie möglichst viele Antworten bekommen wollen, um zu verstehen.

- Warum machen wir das Projekt/Programm?
- Nutzen für das Unternehmen
  - Kurzfristiger Nutzen
  - Mittelfristiger Nutzen
  - Langfristiger Nutzen
- Nutzen für das Produkt, die Abteilung
  - Kurzfristiger Nutzen
  - Mittelfristiger Nutzen
  - Langfristiger Nutzen
- Nutzen für den einzelnen Mitarbeiter
  - Kurzfristiger Nutzen
  - Mittelfristiger Nutzen
  - Langfristiger Nutzen

Was?

Die „Was"-Frage führt gezielt zur späteren Ergebnisdefinition einer Thematik. Damit grenzen wir die zentralen Aspekte ein, stecken das Wirkungsfeld ab und verhindern, dass wir uns vom eigentlichen Ergebnis entfernen.

- Was soll konkret mit dem Projekt/Programm erreicht werden?
- Ziele
  - Übergeordnetes Ziel für das Unternehmen
  - Übergeordnetes Ziel für das Produkt
  - Übergeordnetes Ziel für die Mitarbeiter
- Ergebnis
  - Direkter Nutzen für das Unternehmen

- Direkter Nutzen für das Produkt
- Direkter Nutzen für die Mitarbeiter

- Messbarkeit
  - Messgröße in Zahlen
  - Messgröße in emotionalen Werten

Wer?

Sie müssen bereits in der Vorbereitung die Ressourcen planen, unter Umständen brauchen Sie auch Input von Ihren Kunden. Das können sowohl Ihre Endkunden als auch interne Kunden sein, zum Beispiel Abteilungen, denen Sie zuarbeiten oder zuliefern. Um eine Grundlage dafür zu haben, die Beiträge aller Beteiligten optimal aufeinander abzustimmen, legen Sie am besten bereits jetzt eine Namensliste an. Wer ist am Projekt/Programm beteiligt?

- Kunde
  - Intern
  - Extern

- Auftraggeber

- Projektleiter

- Teammitglieder/Mitarbeiter

- Externe Berater

- Spezialisten

Wann?

Oft kommen wir nur über Umwege an das gewünschte Ziel, so wie im Straßenverkehr manchmal einer Umleitung gefolgt werden muss. Nehmen Sie deshalb Puffer für Umwege ganz bewusst in Ihre Zeitplanung auf, denn Unvorhergesehenes bewirkt oftmals einen extremen Lerneffekt. Wann wollen wir unsere Ziele erreicht haben?

- Einzelne Arbeitsabschnitte

- Zwischenergebnis

- Gesamtergebnis

Wie?

Wie können wir unsere Ziele erreichen? Diese Frage stellt sich in unterschiedlichen Lebenssituationen tagtäglich. Bestimmt haben Sie es bereits erkannt: Je strukturierter Sie an die Planung eines Ziels herangehen, desto schneller werden Sie es erreichen.

- Wie planen wir im Vorfeld?
- Wie sehen die einzelnen Arbeitsabschnitte aus?
- Wie integrieren wir die Arbeitsabschnitte in den Arbeitsalltag?
- Wie kommunizieren wir unsere Vorhaben in das Unternehmen?
- Wie kommunizieren alle direkten Beteiligten untereinander?
- Wie gehen wir mit Rückschlägen um?

Wie viel?

Auch die Kosten dürfen nicht vernachlässigt werden. Stellen Sie sowohl ein ausreichend großes Budget als auch die notwendigen Ressourcen bereit. Wie viel kostet das Projekt/Programm?

- Primäre Personalkosten intern
- Sekundäre Personalkosten durch Umverteilung von Aufgaben oder Schaffung von neuen Stellen
- Personalkosten für Externe (Berater, Dienstleistungen etc.)
- Kosten für Zusatzqualifikationen
- Kosten für neue Betriebsmittel
- Planung der zeitlichen Ressourcen aller Beteiligten

Mindmap der sieben Ws

Diese Liste können Sie für sich noch weiter ergänzen, nutzen Sie dazu am besten die Technik des Mindmapping. In der folgenden Abbildung sehen Sie auf einen Blick alle Punkte, die bei der Planung zu berücksichtigen sind. Unterschlagen Sie dabei nichts, denn je transparenter Sie diese Liste von Anfang an gestalten, desto weniger Überraschungen erleben Sie am Ende des Projekts.

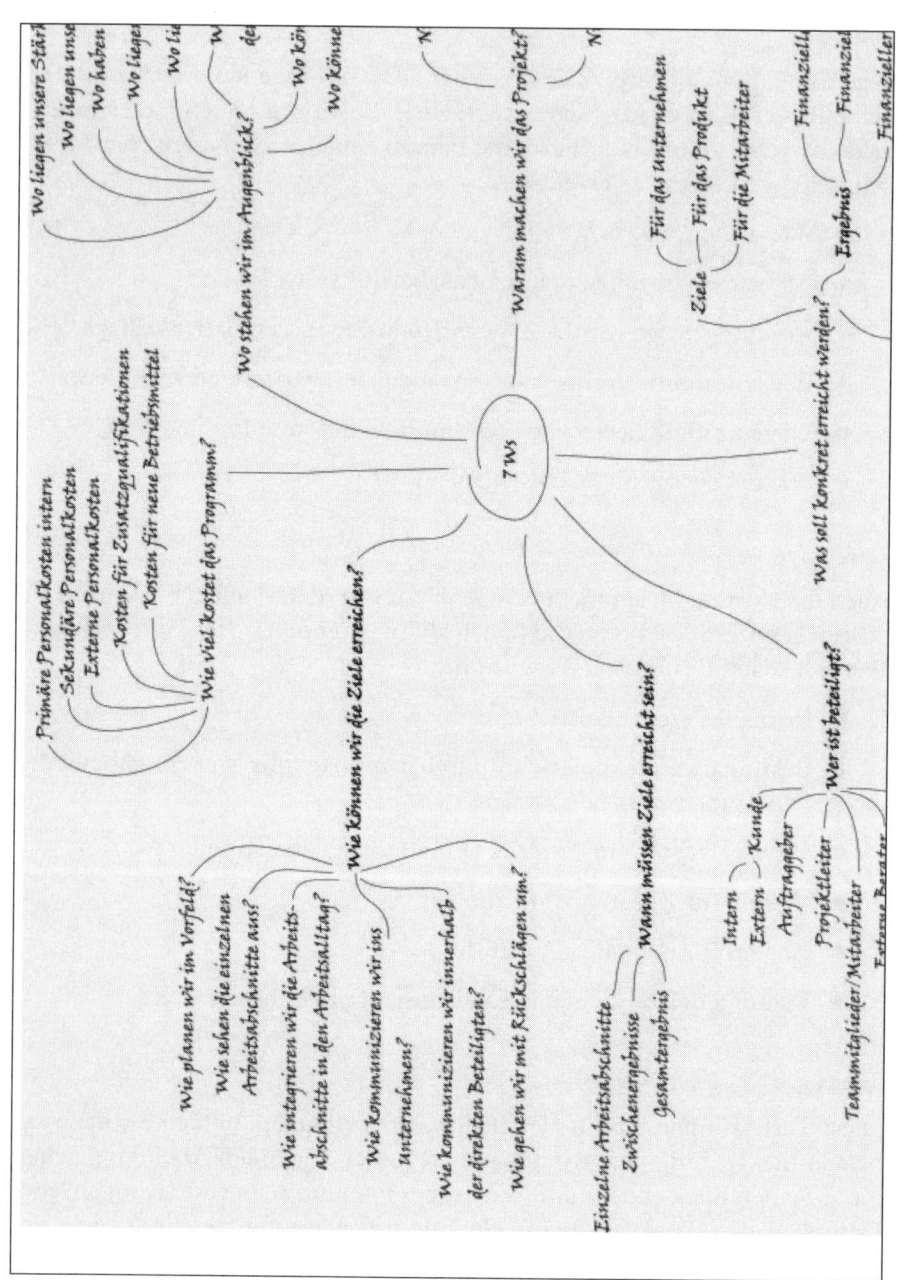

Mindmap zur Workshop-Planung

Orientieren Sie sich bei Ihrer Planung an der nachfolgenden Checkliste. Ergänzen Sie sie um die Punkte, die in Ihrem Fall zusätzlich zu berücksichtigen sind. Sie sehen, dass eine Menge zu tun ist, damit der Workshop gut und reibungslos ablaufen kann. Hinzu kommt, dass Sie bei einigen Aspekten eine gewisse Vorlaufzeit brauchen, zum Beispiel für die Locationauswahl. Sie müssen immer damit rechnen, dass Sie zu bestimmten Zeiten im Jahr (Urlaube, Messen etc.) nicht die gewünschten Tagungsräume bekommen oder das übliche Hotel oder Tagungszentrum gerade Betriebsferien hat. Dann müssen Sie nach Ausweichmöglichkeiten suchen. Sie brauchen also ausreichend Zeit im Vorfeld, um alles erledigen zu können, fangen Sie mindestens sechs Wochen vor dem Termin an. Lassen Sie sich das Budget für den geplanten Rahmen absegnen.

To dos im Vorfeld

Was ist zu erledigen

Okay

- Motto
- Ziele und Aufgabenbeschreibung
- Vorgehensweise
- Teilnehmerauswahl
- Einladungen an die Teilnehmer samt Dresscode
- Reminder
  (Erinnerungs-E-Mail an Teilnehmer)
- Vorschläge Methoden
  – Auswahl der Methoden
  – Funktion und Wirkungsweise
  – Gewünschtes Ergebnis
  – Eventuell Zusatzmaterial aufführen (Gimmicks, Fragebögen etc.)
- Vorschläge Location
  (wird im Vorfeld bereits geblockt)
- Vorschläge Hotel
  (wird im Vorfeld bereits geblockt)
- Vorschläge für Rahmenprogramm
- _____
- _____
- Konzept mit Auftraggeber abstimmen
- Eventuell Feintuning und Korrektur des Konzepts

**Buchung der Location oder Tagungsstätte
(falls nicht im Hotel getagt wird)**

- Verpflegung für den Tag (Pausen)
  - Obst
  - Kaffee
  - Süßigkeiten
  - Softdrinks
- Mittagessen
  - Eventuell Mittagstisch außerhalb bestellen
  - Menüliste vorher definieren (drei Menüs mit Fleisch, Fisch und vegetarisch), morgens bereits auswählen lassen und Liste ins Lokal faxen
- Abendessen (falls nicht im Hotel)
  - Tisch bestellen, Menü à la carte
- Transport zum Hotel klären
- _____
- _____
- _____
- _____

Buchung Hotel, falls nicht im Tagungsbereich

- Zimmer zur Übernachtung für jeden Teilnehmer
- Frühstück
- Abendessen à la carte
- Wellnessbereich oder Angebote des Hotels checken
- _____
- _____

Transport zur Tagungslocation

- Fahrgemeinschaften
- Taxi
- Kleinbus/Bus mieten
- _____
- _____

Materialien prüfen oder beschaffen

- Flipchart und Papier
- Karten und Pinnnadeln
- Stellwände
- Scheren, Kleber, Stifte, eventuell alte Illustrierte
- Ausreichend funktionierende Filzschreiber, Kugelschreiber, Bleistifte
- _____
- _____

Technikeinsatz

- Beamer und Projektionswand
- Laptop
- Digitales Präsentationsmaterial
- TV oder andere Technikmedien
- Ausreichend Wände für fertige Charts
- _____
- _____

Dokumente und Zusatzmaterial

- Moderatorenleitfaden
- Fragebögen, falls notwendig
- Namensschilder, falls sich die Teilnehmer nicht kennen
- Rote und gelbe Karten
- Gimmicks (Memory, Lose, Meckerlizenz etc.)
- Tages-Agenda vorbereiten
- _____
- _____

Definieren Sie das primäre und das sekundäre Workshop-Ziel ganz genau

Die Erfahrung zeigt, dass am Ende eines Workshops die Zeit immer knapp wird, denn ist die Runde erst einmal in Hochform, macht das Arbeiten Spaß und der Ideenreichtum der Teilnehmer kennt so manches Mal fast keine Grenzen. Für Ihren Workshop haben Sie aber nur eine bestimmte Zeit zur Verfügung. Definieren Sie daher die Ziele ganz klar und eindeutig, sodass zunächst keinerlei Raum für Interpretationen bleibt. Stecken Sie für die Bearbeitung der damit verbundenen Aufgaben einen realistischen Zeitrahmen ab, in dem Sie unter Einsatz verschiedenster Methoden eine Lösung finden.

Das primäre Ziel für den Workshop muss nun sein, die festgelegte Aufgabe in der vorgegebenen Zeit mit möglichst konkreten Lösungen und Maßnahmen zu hinterlegen. Das bedeutet, dass Sie eine technische Umsetzung für das Thema finden und die Realisierung möglichst zeitnah möglich machen. Solche primären Ziele gliedern sich immer weiter auf in Teilziele, denn das große Ganze hat nicht für jede Abteilung oder jeden Bereich die gleiche Bedeutung. Daher definieren Sie für jeden Bereich ein Teilziel, das als Beitrag zum übergeordneten Primärziel zu verstehen ist.

Das sekundäre Ziel ist eher emotionaler Natur, aber deshalb nicht weniger wichtig. Das methodische Arbeiten soll dazu beitragen, alle Teilnehmer auf eine neue und vor allem gemeinsame Vorgehensweise einzuschwören. Wichtig ist hierbei das Grundverständnis, dass jeder Einzelne seinen Beitrag leisten muss, damit alle gemeinsam zum gewünschten technischen Ergebnis kommen. Das sekundäre Ziel wird nicht niedergeschrieben, vielmehr müssen Sie während des Workshops ein Auge darauf haben. Beobachten Sie die Gruppe aufmerksam: Ist das gemeinsame Verständnis verlorengegangen, versuchen Sie herauszufinden, wo und an welchem Punkt es auseinandergeht. Gehen Sie mit der Gruppe an diesen Punkt zurück, klären Sie eventuelle Unstimmigkeiten und bringen Sie dann wieder alle auf eine Linie.

Sie haben bereits erfahren, welche thematischen Schwerpunkte in Workshops bearbeitet werden können. Darauf wird hier zurückgegriffen, um beispielhaft zu zeigen, welche Primärziele, Teilziele sowie Sekundärziele in welcher Situation formuliert werden könnten. Überlegen Sie sich dazu, wie ein entsprechendes Szenario für das Thema Ihres Workshops aussehen könnte und welche Ziele Sie formulieren würden. Die hier beschriebenen Ziele passen wahrscheinlich nicht hundertprozentig zu Ihren Bedürfnissen, aber Sie werden mit ähnlichen Themen zu kämpfen haben und können sich inspirieren lassen.

Bedenken Sie dabei, dass allen Workshop-Varianten bestimmte Analyseprozesse vorausgehen. Dabei werden die jeweiligen Unternehmen, Abteilungen oder einzelne Arbeitsplätze eventuell untersucht und für sich alleine betrachtet. Dieser Teilabschnitt der Arbeit ist wichtig, damit Sie in Ihrem Workshop genau an den Themen arbeiten können, die für die Teilnehmer wichtig und zielführend sind.

Workshop-Aufgabe 1: Die Entwicklung neuer Produkt- oder Dienstleistungsideen

Szenario A: Eine Schreinerei in mittelständischer Größenordnung hat sich über die Jahre als Spezialist für Treppenbau positioniert. Die Firma fertigt größtenteils von Hand, das heißt, es laufen weniger Automatisierungsprozesse ab als in der Industrie. Das Holz wird mit Liebe zum Detail bearbeitet, die Oberflächen und Geländer jeweils individuell auf Kundenwunsch gefertigt.

Im Vergleich zu industriellen Betrieben kann das Unternehmen vergleichbar weniger Treppen mit höherem Aufwand und auch den damit verbundenen höheren Kosten fertigen. Die Problematik ist, dass es mit dieser Arbeitsweise über kurz oder lang nicht konkurrenzfähig bleiben kann. Das Unternehmen muss sich entweder eine Nische suchen oder Leerlaufzeiten besser nutzen.

Primäres Ziel	Effizientere Auslastung der Technik und eine bessere Nutzung der Leerlaufzeiten
Teilziele	a) Schließen der Leerlaufzeiten mit neuen Produkten b) Optimieren der technischen Prozesse, um Leerläufe im Betrieb zu reduzieren
Sekundäres Ziel	Einfordern der Bereitschaft der Mitarbeiter, sich auf neue Produktionszweige oder flexiblere Arbeitszeiten einzulassen und das dazu notwendige Handwerkswissen zu erlernen

Szenario B: Aufgrund der Gesundheitsreform werden neue Anforderungen an Zahnarztpraxen und deren Mitarbeiter gestellt. Der Patient ist künftig nicht mehr nur Patient, sondern auch Kunde, weil er einen Teil der präventiven Leistungen selbst bezahlen muss.

Primäres Ziel	Optimierung des Leistungsportfolios der Praxis
Teilziele	a) Überprüfen, welche Leistungen für welche Zielgruppe richtig sind und wie diese kommuniziert und verkauft werden können b) Schaffen von Zeit und Raum für Prophylaxe-Behandlungen
Sekundäres Ziel	Bewusstsein bei den Mitarbeitern wecken, die Leistungen künftig als Dienstleistung und nicht als Zahnarztleistung zu sehen, zu behandeln und Dienstleistung zu leben

Workshop-Aufgabe 2: Lösungen für immer wiederkehrende Problematiken in bestehenden Prozessen

Szenario A: In einer Formengießerei für Spritzgussteile sind die täglichen Ausschusszahlen der gegossenen Teile zu bestimmten Tageszeiten höher als im Gesamtdurchschnitt des Produktionsverlaufs.

Primäres Ziel	Reduktion der Ausschussproduktion
Teilziele	a) Analyse aller beteiligten Randfaktoren, die dazu beitragen, dass erheblich mehr Ausschuss produziert wird b) Feststellen, welche Bereiche einer stärkeren Qualitätskontrolle unterzogen werden müssen und wie diese aussieht

Sekundäres Ziel	Sensibilisierung der Mitarbeiter in der Produktionsstraße, um Ausschussspitzen zu reduzieren und eine schnellere Reaktion in der Rückmeldung zu bekommen

Szenario B: In einem Investitionsgüterunternehmen werden Gehäuse für Kaffeemaschinen beschichtet. Um das Beschichtungsmaterial optimal zu nutzen, werden die Gehäuse bereits in einem vormontierten Zustand dem Prozess zugeführt. Im Ergebnis werden immer wieder Schattierungen in den Farben festgestellt, da die verschiedenen Materialien die Farbe unterschiedlich stark annehmen.

Primäres Ziel	Optimales Beschichtungsergebnis für alle Teile an dem Gehäuse
Teilziele	a) Optimierung der Vorbehandlungsprozesse b) Definition des Prozesses, in dem die Arbeitsweise grundsätzlich geändert werden muss
Sekundäres Ziel	Bewusstsein für komplett neue und andere Arbeitsprozesse wecken, um zu einem optimalen Ergebnis zu kommen

Workshop-Aufgabe 3: Strategische Planungen und Zielvereinbarungen

Szenario A: Die Vertriebsabteilung einer Bank hat sich für das kommende Geschäftsjahr vorgenommen, sein Portfolio zu erweitern, den Kunden noch mehr Services zu bieten und sich einen neuen Markt mit neuartigen Produkten zu erschließen.

Primäres Ziel	Neue Produkte für noch mehr Zufriedenheit und eine bessere Versorgung der Kunden
Teilziele	a) Definition der Produkte für gewisse Zielgruppen b) Vorgehen in der Verkaufsstrategie für einzelne Produkte
Sekundäres Ziel	Emotionalisierung der Produkte, sodass sie mit einem Erlebnis verkauft werden können

Szenario B: Wir bleiben im gerade beschriebenen Szenario – neue Produkte für Kunden einer Bank – und brechen die genannten Ziele aus dem ersten Workshop auf die Arbeit einzelner Mitarbeiter herunter. Diese müssen die Produkte an die Kunden verkaufen. Bedenken Sie dabei, dass sich nicht jeder Mitarbeiter mit jedem Produkt identifizieren kann, weil er vielleicht eine persönliche Abneigung gegen Bausparverträge oder bestimmte sonstige Leistungen hat.

Primäres Ziel	Der Mitarbeiter verkauft die Produkte so, dass der Kunde davon überzeugt ist.
Teilziele	a) Definieren, welches Produkt welches Verkaufstraining für die Mitarbeiter erfordert b) Definieren, wie die Mitarbeiter die potenziellen Kunden angehen, welche Verkaufsargumente benutzt und wie die Abschlüsse honoriert werden
Sekundäres Ziel	Bewusstsein für die Notwendigkeit neuer Produkte wecken, sodass diese mit Leidenschaft verkauft werden

Workshop-Aufgabe 4: Teamentwicklung und Teampflege

Szenario A: Sehen wir uns noch einmal die Zahnarztpraxis aus Workshop-Aufgabe 1 an, die neue Dienstleistungszweige erschließen muss, um künftig am Markt erfolgreich zu sein. Das bestehende Team wird um drei Mitarbeiter erweitert, die bereits Erfahrung im Prophylaxe-Segment haben und den Erfahrungsaustausch zwischen den Mitarbeitern bereichern und fördern sollen.

Primäres Ziel	Zusammenschweißen der einzelnen Teammitglieder zu einer schlagkräftigen Mannschaft
Teilziele	a) Austausch von Wissen und Erfahrungen aus den Bereichen Behandlung und Prophylaxe b) Bestimmung des gemeinsamen Vorgehens in der künftigen neuen Dienstleistungsbranche
Sekundäres Ziel	Zusammenwachsen auf der emotionalen Ebene

Szenario B: Für ein neues Projekt werden in einer Universität mehrere Mitarbeiter aus verschiedenen Abteilungen zu einem neuen Projektteam verbunden. Zu bedenken ist bei dieser Aufgabenstellung, dass jeder Einzelne auf seinem Gebiet ein Experte ist, was unter Umständen zu Kompetenzgerangel führen kann.

Primäres Ziel	Innerhalb kürzester Zeit ein Expertenteam aufbauen
Teilziele	a) Akzeptanz für die jeweiligen Experten untereinander schaffen b) Positionierung des Teams gegenüber dem Markt oder dem Rest der Uni
Sekundäres Ziel	Definieren der Experten-Schnittstellen und der Verantwortlichkeiten für einzelne Projektabschnitte

Workshop-Aufgabe 5: Strategische Neuausrichtungen von Abteilungen oder ganzen Unternehmen

Szenario A: In einem IT-Unternehmen wird die Abteilung Infrastruktur als interner Dienstleister für das Unternehmen eingesetzt. Innerhalb dieser Abteilung hat sich im Lauf der Zeit sehr viel Expertenwissen und Erfahrung angesammelt, hier haben sich motivierte Mitarbeiter zusammengefunden und sich auf die zeitnahe Umsetzung von speziellen Lösungen konzentriert. Die daraus resultierenden Leistungen sind zum alleinigen internen Gebrauch gedacht, was purer Luxus ist. Sie könnten nämlich gewinnbringend vermarktet werden.

Primäres Ziel	Abteilung Infrastruktur gewinnbringender einsetzen
Teilziele	a) Definieren, welche Leistungen welcher Mitarbeiter wo am Markt sinnvoll eingesetzt werden können b) Strategie und Vorgehen zur Vermarktung der Leistungen
Sekundäres Ziel	Bereitschaft und Verständnis bei den Mitarbeitern wecken, dass Leistungen künftig nicht mehr nur intern verkauft werden

Szenario B: Eine Agentur, die hauptsächlich in der klassischen Werbung arbeitet, sieht für sich nicht mehr den großen Umsatzmarkt in der Außenwerbung. Es gilt, neue Segmente zu erschließen und trotzdem im Bereich Werbung zu bleiben.

Primäres Ziel	Neue Marktsegmente für eine Werbeagentur
Teilziele	a Definieren, welche Branchen bisher Nischenmärkte für Agenturen sind und wie in diesen Branchen geworben werden kann b) Feststellen, ob es neue Marktsegmente gibt, die erschlossen werden können c) Festlegen, wie diese Segmente angegangen werden
Sekundäres Ziel	Gedankliche Weiterentwicklung der klassischen Werbung sowie der Kommunikation

Workshop-Aufgabe 6: Budget- und Ressourcenplanung

Szenario A: Ein Unternehmen hat für das laufende Geschäftsjahr ein Einsparpotenzial von zehn Prozent gegenüber dem Vorjahr und eine Produktionssteigerung von 17,5 Prozent mit einem Zuwachs von zwei Prozent bei den Mitarbeitern zu leisten. Diese Anforderungen gehen normalerweise nicht miteinander konform; hier müssen neue Wege gefunden werden, um die Aufgaben zu erfüllen.

Primäres Ziel	Reduktion der Kosten um zehn Prozent, Steigerung der Produktion um 17,5 Prozent
Teilziele	Feststellen, a) in welchen Abteilungen Kosten reduziert werden können; b) wo Personal strategisch sinnvoll eingesetzt werden kann, um Kosten zu reduzieren und die Effizienz zu steigern; c) wie die Mittel unter den Abteilungen verteilt werden, um alle notwendigen Material-, Personal- und Ausbildungskosten abzudecken; d) wie die Produktion mit geringfügig mehr (zwei Prozent) Personalaufwand um 17,5 Prozent gesteigert werden kann
Sekundäres Ziel	Bereitschaft und Verständnis bei den Mitarbeitern wecken, dass Opfer gebracht werden müssen und dass das Ziel nur erreicht werden kann, wenn alle gemeinsam anpacken

Szenario B: Eine Firma für Plastikspielzeug nutzt ihre Ressourcen nicht optimal aus. Der Stillstand und die einseitige Produktpalette begrenzen den Absatzmarkt auf eine Sparte. Langfristig macht sich das Unternehmen von den bisherigen Abnehmern abhängig. Das Unternehmen sucht nach Möglichkeiten, seine Ressourcen besser auszulasten und vielleicht sogar neue Märkte zu erschließen.

Primäres Ziel	Optimale Auslastung der Ressourcen
Teilziele	a) Definieren, welche Produktionsabschnitte mit höherer Effizienz produzieren können b) Herausfinden, welche Produkte mit den vorhandenen Werkzeugen außerdem produziert werden können c) Feststellen, ob sich für andere Produkte ein Markt findet
Sekundäres Ziel	Erkennen der Notwendigkeit, dass neue Märkte erschlossen werden müssen, um dem Abhängigkeitsverhältnis zu entkommen

Ihre Notizen

_____

_____

_____

Welche Lernziele sollen die Teilnehmer erreichen?

Gerade wenn es um einen Workshop geht, ist es wichtig, Lernziele für die Teilnehmer zu definieren. Sehen Sie es wie einen Unterricht, in dem der Lehrer seinen Schülern ein bestimmtes Maß an Wissen zu einem Thema vermitteln will. In einem Workshop sind die Lernziele ähnlich gelagert. Zu einem vordefinierten Thema erarbeiten die Teilnehmer gemeinsam Lösungen, die sie zusätzlich verstehen, anwenden und beurteilen können müssen.

Damit hat der Workshop-Leiter auch ein Messinstrument für seine Arbeit an der Hand. Die Ergebnisse zeigen ihm, wie genau er die Aufgaben formuliert hat, wie gut seine Vorarbeit war, wie konkret er die Randbedingungen vermitteln konnte und ob die Teilnehmer letztendlich die Lernziele erreichen konnten. Deshalb ist es schon im Vorfeld wichtig, dass Sie die Lernziele konkret definieren: Was wollen Sie am Ende des Workshops erreicht haben und was sollen die Teilnehmer aus dem Workshop mitnehmen? Damit dienen die Lernziele auch als Fahrplan, der Sie durch Ihren Workshop begleitet.

Lernziele und ihre Kategorien

Es gibt unterschiedliche Arten von Lernzielen, sie lassen sich in drei Kategorien einteilen.

Kognitive Lernziele: Damit wird das erste Lernziel in jedem Unterricht oder Lernseminar beschrieben. Dabei geht es um die Fähigkeit, komplexe oder weniger komplexe Sachverhalte zu verstehen und im Gedächtnis zu behalten, um sie später als Voraussetzung für Handlungen zur Verfügung zu haben. Dieses Ziel steht bei den Lernseminaren, wie sie im Kapitel „Stufe 1: Die wichtigsten Fragen vor einem Workshop" beschrieben wurden, im Vordergrund.

Affektive Lernziele beziehen sich auf die Bewusstseinsebene. Sie sprechen in erster Linie die Emotion an und haben den Hintergrund, ein bestimmtes Gefühl, eine Haltung oder eine Einstellung zu einem Sachverhalt aufzubauen. Darum geht es zum Beispiel bei den im ersten Kapitel beschriebenen Produkt- und Markenpräsentationen.

Psychomotorische Lernziele hängen mit der motorischen Ebene zusammen und sprechen in erster Linie den Bewegungsapparat, also den Körper in Verbindung mit dem Kopf, an. Der Teilnehmer soll eine Fertigkeit erlernen und trainieren, die ein gewisses Maß an Verständnis für die Zusammenhänge beinhaltet. Trainingsseminare zum Beispiel brauchen mehr von diesen psychomotorischen Lernzielen, denn die Teilnehmer sollen im Anschluss mit den erworbenen Fähigkeiten eigenständig arbeiten.

Jeder Workshop sollte mindestens zwei der Lernzielkategorien, besser noch alle drei ansprechen, damit ein optimales Ergebnis erzielt wird. Hierzu ein Beispiel: Stellen Sie sich vor, sie vermitteln einem Vertriebsmitarbeiter in einem Autohaus lediglich die kognitiven Lernziele zu einem neuen Fahrzeug. Er weiß alles über das Auto, die Motorisierung, die Innenausstattung, die Bereifung, die Beschleunigung, das Fahrverhalten, er kann das komplette technische Handbuch aufsagen. Bei seinem affektiven Wissen, also bei seiner Einstellung zum Fahrzeug, hat sich hingegen nichts getan. Dann haben Sie zwar ein wandelndes Fahrzeuglexikon in Ihrem Vertriebsstab, aber keinen Verkäufer, der das neue Produkt mit Herzblut und Leidenschaft verkaufen wird. Fehlt außerdem das psychomotorische Wissen – weiß der Vertriebsmitarbeiter beispielsweise nicht, wie man den Ölstand kontrolliert oder wo genau sich die Zündkerzen befinden –, wird er dem Kunden gegenüber unglaubwürdig. Nur wenn der Vertriebsmitarbeiter in allen drei Bereichen etwas gelernt hat, kann er seine Aufgabe kompetent und umfassend erfüllen.

Lernziele formulieren

Genau darum ist es so wichtig, dass Sie gründlich über die Lernziele nachdenken, wenn Sie einen Workshop planen. Achten Sie auf konkrete Formulierungen und zudem auf die richtige Menge. Es ist sinnvoller, nur drei Lernziele zu definieren, die Sie auch gut in der geplanten Zeit erreichen können, als sich eine lange Liste mit Lernzielen vorzunehmen, die letztendlich den Verlauf des Workshops stören. Beachten Sie, dass Lernziele keine primären Arbeitsinstrumente sind, sondern vielmehr Prozesse, die im Hintergrund laufen. Falls sich im Verlauf des Workshops herausstellt, dass sich hier etwas anders entwickelt als geplant, müssen Sie gegebenenfalls mit einem Methodenwechsel reagieren. Die folgenden Fragen helfen Ihnen dabei, Ihre Lernziele zu definieren:

- Was genau will ich bei den Teilnehmern erreichen?

- Welchen Kenntnisstand in welcher Tiefe braucht der Teilnehmer nach dem Workshop?

- Welche Einstellung, welches Bewusstsein soll der Teilnehmer am Ende haben?

- Welche Fähigkeiten braucht der Teilnehmer, um das erlernte Wissen umzusetzen?

- Wie kontrolliere ich als Workshop-Leiter, ob die Lernziele bei den Teilnehmern angekommen sind und angenommen wurden?

Behalten Sie im Hinterkopf, dass sich die einzelnen Lernziele nicht immer genau trennen lassen, da sie oft eng miteinander verbunden sind. Hinzu kommt, dass das Lernverhalten der einzelnen Teilnehmer sehr unterschiedlich ist. Sie werden also nicht bei jedem über den gleichen Weg und zur gleichen Zeit zum Ziel kommen. Konzentrieren Sie sich daher auf Ihre Hauptaufgabe, nämlich die Leitung des Workshops, und verknüpfen Sie diese mit den Lernzielen.

Wer soll am Workshop teilnehmen?

Die Auswahl der Teilnehmer hängt von der Art des Workshops, dem Thema und den gewünschten Ergebnissen ab. Manches Mal werden Sie einen Mix an Teilnehmern brauchen, interne wie externe, wenn Sie zum Beispiel zu einem weitsichtigeren Ergebnis kommen wollen. In manchen Workshops ist es eine ganz bestimmte Gruppe von Personen, die teilnehmen sollten, zum Beispiel Senioren, die ein für diese Zielgruppe bestimmtes Produkt später kaufen sollen. Und manchmal ist es von Vorteil, wenn beispielsweise die Führungskraft eines Teams bis zu einem gewissen Stadium nicht am Workshop teilnimmt, weil sonst gewisse Themen vielleicht erst gar nicht zur Sprache kommen.

Nehmen Sie sich Zeit für die Auswahl der Teilnehmer, besprechen Sie diese auch gezielt mit Ihrem Auftraggeber oder im Workshop-Team. Überzeugen Sie die anderen gegebenenfalls mit den richtigen Argumenten, wenn die Meinungen hier auseinandergehen.

Bedenken Sie bei Ihren Überlegungen, dass vielleicht nicht jeder von Ihnen gewünschte Teilnehmer ein großes Interesse daran hat, beim Workshop dabei zu sein. Ein Mitarbeiter, der zur Teilnahme verpflichtet wurde, ist unter Umständen gar nicht der Typ dafür und will seine Zeit ganz anders einsetzen. Dann gibt es noch solche, die am liebsten immer dabei wären, aber zum Thema nichts beisteuern können oder aus anderen Gründen fehl am Platz sind. Deshalb sollten Sie für jeden Workshop Auswahlkriterien aufstellen und rechtzeitig zur Hand haben. Für sehr spezielle Workshops lohnt es sich sogar, ein Auswahlverfahren zu inszenieren, um bei den Mitarbeitern Begehrlichkeiten zu wecken.

Definieren Sie außerdem, wie gut sich jeder Einzelne auf den Workshop vorbereiten muss. Bei manchen Themen empfiehlt es sich, dass sich die Teilnehmer vorab damit vertraut machen, andere sollte man möglichst unvorbelastet angehen.

Denken Sie auch darüber nach, wie viele Teilnehmer überhaupt dabei sein sollen. Ab einer gewissen Gruppengröße brauchen Sie zusätzlich einen Co-Moderator, der mit Ihnen zusammen die Arbeitsgruppen betreut und Sie bei der Arbeit unterstützt. Er kann Hintergrundarbeiten wie das Vorbereiten von Pinnwänden oder das Zusammenstellen von Arbeitsmaterialien erledigen, während Sie sich weiterhin auf die Vorgänge in der Gruppe konzentrieren.

Die folgenden Beispiele zeigen Ihnen, wie sich – abhängig vom Thema des jeweiligen Workshops – Teilnehmergruppen zusammensetzen könnten. Die Workshop-Aufgaben kennen Sie schon aus dem ersten Kapitel. Nutzen Sie diese Vorschläge als Anregungen bei Ihrer Planung.

Workshop-Aufgabe 1: Entwicklung neuer Produkt- oder Dienstleistungsideen

Teilnehmer: Um eine solche Aufgabe anzugehen, würde sich ein Mix aus internen und externen Teilnehmern empfehlen. Als Externe kommen Kunden und Lieferanten infrage oder Menschen, die die neuen Produkte oder Leistungen später in Anspruch nehmen werden und sollen. Wichtiger Faktor hierbei: das Alter der externen Teilnehmer. Diese Vorgehensweise hat den Vorteil, dass Sie Ihre Produkte schon auf den speziellen Kundennutzen hin ausrichten und sich so einen Teil der Marktforschung sparen können. Die internen Teilnehmer können unterschiedlichen Abteilungen angehören, sie müssen nicht zwangsläufig aus der Produktentwicklung kommen. Es gibt sicher in jedem Unternehmen auch in benachbarten Bereichen kreative Köpfe, die Spaß daran haben, Ideen zu entwickeln.

Um die Teilnehmerauswahl einzugrenzen, können Sie intern einen Kreativwettbewerb ausschreiben. Diejenigen, die zu einer abstrakten Aufgabe eine Lösung entwickeln, haben in der Regel auch Interesse an einem Workshop, in dem Neuerungen das Thema sind. Und Sie brauchen von Anfang an Menschen, die Spaß an einer derartigen Aufgabe haben und sich auf das Experiment einlassen.

Um die passenden externen Teilnehmer zu finden, können Sie auf Partnerfirmen, andere Kunden oder Ihren Bekanntenkreis zurückgreifen. Fragen Sie nach, wer Lust hat, dabei zu sein, und sich vorstellen kann, bei einer mehr oder weniger visionären Aufgabe mitzumachen.

Vorbereitung: Für diese Workshop-Aufgabe müssen die Teilnehmer sich nicht vorbereiten, für die Bearbeitung ist kein spezielles Wissen nötig. Es bringt mehr Spaß und führt zu besseren Ergebnissen, wenn alle die gleiche Ausgangsbasis haben und sich nicht schon im Vorfeld auf eine ganz bestimmte Idee versteifen.

Workshop-Aufgabe 2: Lösungen für immer wiederkehrende Problematiken in bestehenden Prozessen

Teilnehmer: In diesem Arbeitsfeld stehen diejenigen an erster Stelle, die direkt mit dem betroffenen Prozess zu tun haben. Bringen Sie diese Personen zusammen und ergänzen Sie die Gruppe um Spezialisten, die unter Umständen ebenfalls Einfluss auf den Prozess haben.

Ist der Workshop in der Hierarchie ganz oben angesiedelt, denken Sie darüber nach, ob Sie nicht jemanden aus der Basis einbeziehen wollen, jemanden, bei dem der Fehler vor Ort immer wieder auftritt. Er kann mit Sicherheit viele wertvolle Informationen beisteuern, die bei der Lösungssuche helfen. Bei dieser Zusammensetzung können Sie davon ausgehen, dass alle Teilnehmer am Workshop interessiert sind. Sehr wahrscheinlich wird niemand dabei sein, der keine Lust auf das gemeinsame Arbeiten verspürt, denn allen ist daran gelegen, in einem möglichst kleinen Zeitfenster zu einer sinnvollen Lösung zu kommen.

Vorbereitung: Auf diese Workshop-Aufgabe müssen sich die Teilnehmer vorbereiten. Jeder sollte mit dem Fehler vertraut sein, seine Auswirkungen in allen Dimensionen kennen und ihn bereits einmal selbst gesehen haben.

Workshop-Aufgabe 3: Strategische Planungen und Zielvereinbarungen

Teilnehmer: Bei einer solchen Aufgabenstellung ist die Teilnehmergruppe in der Regel hierarchisch höher angesiedelt. Das ist sinnvoll, denn die großen, übergeordneten Unternehmensziele müssen aus der Führungsebene vorgegeben werden. Es kann durchaus sein, dass die Interessen und Erwartungshaltungen in einer solchen Gruppe weit auseinandergehen, denn die Unternehmensziele bedeuten für jeden Einzelnen und seine Abteilung etwas anderes. Daher muss beachtet und den Tcilnehmern vermittelt werden, dass das übergeordnete Ziel, das im Workshop erarbeitet wird, als ein Gesamtziel zu betrachten ist. Das heißt, es muss auf jede Abteilung und ihre ganz speziellen Aufgaben noch einmal entsprechend heruntergebrochen und zugeschnitten werden. Wer genau teilnimmt, ist durch die Hierarchie im Unternehmen vorgegeben.

Vorbereitung: Die Teilnehmer müssen mit den Gegebenheiten, den Werten und den langfristigen Planungen des Unternehmens vertraut und einverstanden sein. Sie sollten wissen, welche Ziele verfolgt werden und die Philosophie kennen, um überhaupt im Sinne des Unternehmens arbeiten zu können.

Workshop-Aufgabe 4: Teamentwicklung und Teampflege

Teilnehmer: Diese Aufgabe kann bereits bestehende Teams betreffen, die schon lange zusammenarbeiten und einen neuen Spirit brauchen, um alte, eingefahrene Wege zu verlassen. Oder es findet ein Workshop statt, um Animositäten untereinander aus dem Weg zu räumen, die die Arbeit behindern. Ebenso können komplett neue Teams gefordert sein, weil sie sich in einem gemeinsamen Projekt für eine gewisse Zeit aufeinander einlassen müssen.

Diese Workshops sind meist Pflichtveranstaltungen, die bei den Teilnehmern nicht gerade Begeisterungsstürme wecken, obwohl Sie als Workshop-Leiter das vielleicht erwarten. Sie werden daher wahrscheinlich auf verschiedene Einstellungen treffen. Manch einer wird gar keine Lust auf eine derartige Veranstaltung haben, ein anderer fühlt sich vielleicht auf den Schlips getreten, weil er plötzlich zur Teamentwicklung verdonnert wurde, und noch ein anderer wird hingegen richtig Spaß an solchen Herausforderungen haben.

Vorbereitung: Dass die Teilnehmer sich auf bestimmte Weise vorbereitet oder ein spezielles Wissen aufweisen müssen, ist hier nicht erforderlich. Ein gleicher Wissensstand ist gegeben, weil entweder alle Teilnehmer schon lange im Team sind oder für alle gerade erst die Zusammenarbeit anfängt.

Workshop-Aufgabe 5: Strategische Neuausrichtungen von Abteilungen oder ganzen Unternehmen

Teilnehmer: Bei dieser Aufgabenstellung wird die Wahl auf die Mitarbeiter fallen, die Schlüsselpositionen in den verschiedenen Abteilungen innehaben. Zudem könnte es hilfreich sein, Personen mit einem besonderen Expertenwissen dabeizuhaben, die am Ende diejenigen sind, die neue Marktsegmente erschließen oder auch völlig neue Vorgehensweisen entwickeln werden. Bedenken Sie, dass derartige Workshops extrem arbeitsintensiv sind, denn hier geht es um langfristige Entscheidungen. Dafür müssen Sie sich Zeit nehmen, meist reicht ein Workshop gar nicht aus, um zu einer Gesamtlösung zu kommen.

Vorbereitung: Alle Teilnehmer müssen das Unternehmen und seine Leistungsbereiche gut kennen. Darüber hinaus ist es wichtig, dass sich jeder vorab mit der gesamten Marktsituation auseinandersetzt und die Nischen, in die das Unternehmen einsteigen könnte, um in Zukunft neue Wege zu erschließen.

Workshop-Aufgabe 6: Budget- und Ressourcenplanung

Teilnehmer: Für dieses Themenfeld sind die Teilnehmer ganz klar definiert: Zum einen gehören die Abteilungs- oder Teamleiter der jeweiligen Bereiche dazu, zum anderen werden das Controlling und die Abteilung Finanzen sich beteiligen.

Das ist eine sehr spannende Mischung, denn auf der einen Seite steht die Finanzabteilung, die das Geld möglichst zusammenhalten will, auf der anderen Seite befinden sich die Teamleiter, die Geld brauchen, um ihre Teams weiterzuentwickeln, neue Materialien anzuschaffen oder mehr Personal einzukaufen. Das Controlling sitzt sozusagen dazwischen. Es muss für beide Parteien möglichst optimal entscheiden und das Geld mit allen Abschreibungen, Gewinnen und Verlusten so verteilen, dass am Ende die beste Lösung für das Unternehmen herauskommt.

Vorbereitung: Jeder Teilnehmer muss wissen, was er im kommenden Geschäftsjahr an Mitteln braucht, an welchen Stellen im letzten Jahr Ressourcen übrig waren und wie das verfügbare Geld besser verteilt werden kann. Das setzt voraus, dass jeder die Planung für seine Abteilung im Sinne der Unternehmensstrategie bereits erstellt und die Unterlagen komplett vorbereitet hat.

Die Teilnehmer aus den Bereichen Finanzen und Controlling müssen wissen, was im nächsten Jahr an Budget und Ressourcen zur Verfügung steht. Darüber hinaus müssen sie sich über Puffer für Eventualitäten Gedanken gemacht haben und die Unternehmensstrategie kennen, sodass Sie belastbare Aussagen vorbringen können.

Ihre Notizen

Wie Sie das Konzept für Ihren Workshop erstellen

Jeder Workshop lebt, ähnlich wie ein Theaterstück oder ein guter Film, von einer gewissen Dramaturgie. Und auch Sie brauchen für jeden Workshop-Tag ein Drehbuch, um am Ende zum gewünschten Ziel zu kommen. Diese Drehbücher, für Workshops Ablaufpläne genannt, zeigen den Verlauf und die zu erreichenden Zwischenergebnisse auf. Bereiten Sie zudem einen Moderationsleitfaden vor, der Sie durch den Tag führt, er ist Ihr Drehbuch. Schreiben Sie nicht jedes Wort auf, das Sie sagen wollen, sondern geben Sie sich selbst einen roten Faden vor, an dem Sie sich immer wieder orientieren können. Benutzen Sie dazu am besten kleine Karten, auf denen Sie in drei Zeilen und maximal 15 Wörtern die Facts notieren, die den jeweiligen Arbeitsabschnitt skizzieren. Wichtige Punkte, auf die Sie unbedingt verweisen müssen, markieren Sie mit einem Leuchtstift. Damit stellen Sie sicher, dass Sie souverän durch den Tag leiten, ohne dass Sie vergessen, die wichtigsten Themen anzusprechen. Zudem hilft es eventuell aufkommende Nervosität zu überspielen, weil Sie auf diese Weise Ihre Hände beschäftigen können.

So, wie es in jedem Filmgenre unterschiedliche Drehbücher gibt, sind je nach Thema, das Sie in Ihren Workshops behandeln werden, unterschiedliche Ablaufpläne erforderlich. Gemeinsam hingegen ist allen Workshops, dass sie sich in bestimmte Phasen einteilen lassen, die im nächsten Kapitel ganz genau vorgestellt werden. Für Ihre Vorbereitung sind die folgenden Punkte entscheidend.

1. Informationsbeschaffung

Damit Ihnen alle relevanten Daten, Fakten und Zahlen zum geplanten Thema zur Verfügung stehen, recherchieren Sie ausgiebig in Ihrem Unternehmen beziehungsweise im Unternehmen des Auftraggebers. Gehen Sie in jede Abteilung, die von der Thematik, die im Workshop behandelt wird, primär und sekundär betroffen ist oder sein könnte. Forschen Sie, was helfen würde, die Überlegungen in eine neue, effizientere Richtung zu lenken. Je mehr Sie auch über die Randerscheinungen Bescheid wissen, je besser Sie sich in alle Richtungen informiert haben, desto wahrscheinlicher ist es, dass durch die Arbeit im Workshop die für alle Betroffenen optimale Lösung gefunden wird.

Bereiten Sie die Informationen auf, am besten sind dazu einfache, aber aussagekräftige Charts geeignet. Verlieren Sie sich nicht in einem betriebswirtschaftlichen Zahlendschungel, sondern halten Sie die Angaben smart und simpel. Erstellen Sie die Charts schon vorab, denn sie geben eine gute Ausgangsbasis dafür, dass Sie bei den nächsten Schritten den Überblick behalten.

Ihre Notizen

2. Einstieg in den Tag

Planen Sie diesen Teil des Workshops besonders sorgfältig. Bedenken Sie, dass der eine oder andere Teilnehmer vielleicht mit gemischten Gefühlen oder gar Ablehnung zum Workshop kommt, weil er geschickt wurde. Zudem hat jeder eine gewisse Erwartungshaltung, ein Bedürfnis oder ein Anliegen. Wann die Teilnehmer anreisen, spielt ebenfalls eine Rolle. Sind für den Workshop mehrere Tage anberaumt, empfiehlt es sich, dass sie bereits am Vorabend ankommen.

Veranstalten Sie zum Beispiel in der Tagungslocation einen kleinen Cocktailempfang, einen Kaminabend oder ein gemeinsames Abendessen, bei dem aber nicht zu viel Alkohol getrunken wird. An diesem Abend ist nicht der anstehende Workshop das Gesprächsthema Nummer eins, sondern es soll über alltägliche Dinge wie Freizeitgestaltung, Lieblingssportarten, Hobbys oder Ähnliches gesprochen werden. Diese Zeit soll der Entspannung dienen und einfach nur Spaß machen.

Kommen die Teilnehmer erst am Workshop-Tag an, sorgen Sie dafür, dass sie vor Arbeitsbeginn mindestens eine halbe, besser eine ganze Stunde Zeit haben, um sich von der Fahrt oder der Reise zu erholen. Organisieren Sie zum Beispiel ein gemeinsames Frühstück oder einen Spaziergang, bei dem sich alle die Beine vertreten können. Kennen sich die Teilnehmer nicht, sorgen Sie dafür, dass sie sich dabei einen ersten Überblick über die Zusammensetzung der Gruppe verschaffen können. Planen Sie den Zeitrahmen entsprechend und setzen Sie eine geeignete Methode ein, um die Teilnehmer zu Gesprächen zu motivieren.

Benutzen Sie für den Einstieg ein Flipchart und bereiten Sie am besten drei Charts vor, die Sie den Teilnehmern nacheinander zeigen. Als Erstes bekommen sie die Begrüßung zu sehen, die beispielsweise lauten könnte: „Herzlich willkommen zum Workshop mit dem Motto ..." Und „Ihr Moderator für heute: Vor- und Nachname". Das zweite Chart ist für die Vorstellrunde gedacht. Schreiben Sie auf, welche Angaben die Teilnehmer über sich machen sollen. So können sie sich jederzeit vergewissern, dass sie richtig liegen, während sich alle Teilnehmer vorstellen. Die Agenda wird Ihr drittes Chart.

Planen Sie für die einzelnen Arbeitsschritte genügend Zeit ein. Achten Sie auch darauf, dass es zwischendurch immer wieder Pausen gibt, in denen die Teilnehmer frische Luft schnappen können. Versehen Sie die Agenda mit Uhrzeiten, das ist der Fahrplan für Ihren Tag.

- Chart zur Begrüßung
- Chart für die Vorstellrunde
- Chart mit Agenda

Ihre Notizen

_____

_____

_____

_____

_____

3. Informationsphase

Anhand der Informationen, die Sie sich durch Ihre Recherchen beschafft haben, erläutern Sie die für die Aufgabenstellung relevanten Punkte. Beschreiben Sie die Ist-Situation in Hinblick auf die geplante Thematik in wenigen, aber prägnanten Worten. Bereiten Sie dazu ein Chart vor, das einzelne Stichpunkte enthält. Was sich dahinter verbirgt, transportieren Sie über das gesprochene Wort. Zeigen Sie auf, wie sich die Problematik aktuell zum Beispiel auf die Umsatzzahlen des Unternehmens, die Entwicklung der Produkte oder die Arbeitsweisen einzelner Abteilungen auswirkt. Beschreiben Sie auch, wie der Arbeitsalltag durch sie beeinflusst wird. Oftmals unterscheiden sich diese beiden Faktoren ganz erheblich, sodass unterschiedliche Lösungsansätze gefunden werden müssen.

To dos im Vorfeld

- Chart zur Ist-Situation
- Chart zu den Auswirkungen im Unternehmen
- Chart zur Problematik im Arbeitsalltag

4. Zieldefinition

Wie Sie herausarbeiten, wo der Workshop hinführen soll, haben Sie bereits erfahren. Ausschlaggebend bei diesem Teil der Vorbereitung ist das primäre Ziel, also das gewünschte technische Ergebnis. Es reicht nicht aus, nur ein übergeordnetes Ziel zu formulieren, vielmehr müssen Sie dieses auf einzelne Abteilungen oder Prozessabschnitte des Unternehmens herunterbrechen. Das große Ganze bleibt im Blick, doch erst mit der Zielvorgabe für die einzelnen Prozessabschnitte definieren Sie die Handlungsfelder, in denen gearbeitet werden muss. Darüber hinaus ist die Zieldefinition von Bedeutung, da sie mitbestimmt, welche Methoden im Workshop geeignet sind, um zum gewünschten Ergebnis zu kommen.

To do im Vorfeld

Chart mit der primären Zieldefinition

Ihre Notizen

5. Aufgabenbeschreibung

Die Ziele sind geklärt, Sie haben sich schon erste Gedanken über das methodische Vorgehen gemacht und brauchen nun noch eine klare Aufgabenbeschreibung. Sobald diese formuliert ist, leiten Sie daraus ein Motto für den Workshop ab. Mottos haben den Vorteil, dass sie einem technischen Sachverhalt ein gewisses Maß an Emotion geben und Bilder erzeugen. Damit verankern Sie die Thematik in den Köpfen und in den Gefühlen der Teilnehmer.

Setzen Sie dieses Motto vielfältig ein. Lassen Sie es zum Beispiel auf eine Banderole, Give-aways oder verschiedene Werbematerialien drucken. Sie können auch alle Arbeitsmaterialien, die Sie im Workshop verwenden, damit bedrucken lassen. Auch wenn Ihnen das aufwendig erscheint, denken Sie daran, dass die Details entscheidend sind. Sie setzen sich sicher auch mit mehr Freude und Genuss an eine schön gedeckte Tafel mit ansprechenden Tischgedecken.

To dos im Vorfeld

- Chart mit Aufgabenbeschreibung
- Motto-Banderole
- Give-aways mit Motto
- Arbeitsmaterial mit Motto versehen

Ihre Notizen

6. Methodisches Vorgehen

Als Erstes gleich ein Hinweis: Übertreiben Sie es nicht mit der Methodenvielfalt. Sie brauchen auch kein schlechtes Gewissen zu haben, wenn Sie eine neue, bahnbrechende Technik nicht kennen. Viel wichtiger ist es, dass Sie die Methoden an die Anforderungen anpassen und sie ganz klar auf das Ziel hin ausrichten.

Bereiten Sie auf jeden Fall zwei oder drei Alternativen vor, die Sie einsetzen können, falls Sie mit der ersten Variante nicht zum gewünschten Ergebnis kommen. Arbeiten Sie jedoch immer mit den Methoden, die Sie sicher beherrschen. Denn schließlich wird ein Trainer nicht an der Anzahl der angewandten Methoden gemessen, sondern immer am Ergebnis, das der Workshop bringt.

Beachten Sie, dass allen Workshops eine gewisse Struktur zugrunde liegt, die mit einem Ideenfindungsprozess beginnt und mit einer Maßnahme endet. Dazwischen ist jedoch sehr viel Arbeit zu erledigen, um die beste Lösung zu finden. Auf die einzelnen Zwischenschritte gehe ich an dieser Stelle ein.

Ideenfindungsprozess Der Ideenfindungsprozess ist die entscheidende Phase Ihres Workshops und methodisch gesehen der wichtigste. Daraus sollten möglichst viele Ansätze und Vorschläge hervorgehen. Zu diesem Zeitpunkt ist es noch nicht wichtig, ob die einzelnen Ideen umsetzbar sind, entscheidend ist, dass Sie und die Teilnehmer in den nächsten Schritten aus einer Vielfalt schöpfen können.

Sortieren und auswählen Wenn der Ideenfindungsprozess abgeschlossen ist, müssen Sie filtern, denn Sie können nicht an allen gesammelten Stichpunkten gleichermaßen weiterarbeiten. Stellen Sie sich dazu folgende Situation vor: Sie wollen, dass von einer Menge Sand nur der feine übrigbleibt, entsprechend wählen Sie die Dichte Ihres Siebs. Die von Ihnen gewünschte Sandkörnung geht durch, der Rest bleibt im Sieb und wird erst einmal zur Seite gelegt.

Der Auswahlprozess ist schwierig, denn jeder hat eine Idee beigesteuert, etwas, das ihm wichtig war und das er jetzt favorisieren wird. Geben Sie deshalb die Kriterien für den Auswahlprozess genau vor, definieren Sie beispielsweise die Kriterien anhand der Frage „Welche Idee an dieser Wand führt zu einer schnellen, sichtbaren Umsatzsteigerung?". Wie beim Sandsieben geht auch hier nichts verloren, die übriggebliebenen Ideen treten nur während des Workshops in den Hintergrund. Sie können zu einem späteren Zeitpunkt im Projektverlauf noch einmal hervorgeholt, erneut geprüft und eventuell berücksichtigt werden.

Konkretisieren und vertiefen Mit den sortierten und ausgewählten Ansatzpunkten, also dem feinen Sand, wird nun weitergearbeitet, die Ideen werden vertieft. Hierfür können Sie entweder kleinere Arbeitsgruppen bilden, die sich jeweils mit einem Thema befassen. Die sich dabei ergebenden Lösungen können dann noch reihum gegeben und immer weiter ergänzt werden. Oder die Ideen werden im Plenum, also von allen zusammen, bearbeitet.

Entscheiden und dabei ein gemeinsames Verständnis entwickeln Sind alle Aufgaben gelöst beziehungsweise weiterentwickelt worden, dann gehen Sie in den gemeinsamen Entscheidungsprozess. Hierfür eignet sich die Präsentation der einzelnen Aufgaben vor der Gruppe sehr gut. Der Vortragende kann all seine Emotionen in seinen Vortrag legen und er kann auf Randfaktoren hinweisen, die nicht aufgeschrieben wurden, um das Thema für die Teilnehmer spürbar und lebendig werden zu lassen.

Warten Sie ab, bis alle Aufgaben vorgestellt wurden, an dieser Stelle wird noch nicht diskutiert. Erst bekommen alle Teilnehmer Zeit, um sich jede Aufgabe noch einmal im Detail anzusehen und sich dazu ihre Gedanken zu machen. Erst danach fangen Sie an, eine Diskussion zu moderieren. Dafür legen Sie jeweils ein gewisses Zeitkontingent fest, das Sie nicht überschreiten sollten. Sind alle mit der Umsetzung einverstanden, sichern Sie sich das Commitment der Teilnehmer. Lassen Sie jeden Einzelnen auf der Präsentation der Aufgabe unterschreiben, denn das verpflichtet.

Maßnahmenplan Im nächsten Schritt wird ein Maßnahmenplan erarbeitet; jede einzelne Aufgabe, die bis hierher gelöst wurde, fließt mit ein. In ihm werden die zu erledigenden Aufgaben, die Verantwortlichkeiten, die eventuell nötigen Partner und der Zeitrahmen für die Umsetzung festgeschrieben. Wie zuvor die Präsentationen wird nun auch der Maßnahmenplan von jedem einzelnen Teilnehmer unterschrieben. Damit gehen alle einen Vertrag ein, der bindend ist.

Abstimmen der Zeitschiene Legen Sie für den Maßnahmenplan eine Zeitschiene fest. Damit ist klar, in welchen Abständen Sie sich immer wieder im Team abstimmen, indem Sie sich gegenseitig Bericht erstatten und auf dem Laufenden halten. So garantieren Sie, dass jeder immer weiß, wie weit die Projekte vorangeschritten sind, und wirken dem Gefühl entgegen, dass der Workshop zwar toll war, aber nichts dabei herausgekommen ist.

Ihre Notizen

_____

_____

_____

_____

_____

Messbarkeit und Nachhaltigkeit

Denken Sie während der Vorbereitung Ihres Workshops auch an die Zeit danach. Planen Sie schon jetzt die nächsten Schritte und entwickeln Sie eine Vorgehensweise zur Nachhaltigkeit. Dazu gehört vor allem, dass der Projektverlauf so dokumentiert wird, dass jeder Beteiligte den aktuellen Stand kennt und zu jeder Zeit den Grad der Umsetzung abfragen kann. Ein solches Vorgehen motiviert und hält dazu an, die gemeinsam erarbeiteten Ziele weiterzuverfolgen. Zum anderen ist es unbedingt notwendig, den Verlauf auch innerhalb des Unternehmens zu kommunizieren, das Projekt immer wieder ins Gespräch und in Erinnerung zu rufen. Denn damit wird allen anderen signalisiert, dass sich etwas bewegt, dass es einen Fortschritt gibt und dass man dem Ziel wieder einen Schritt näher gekommen ist. Legen Sie dafür Kommunikationsroutinen fest, zum Beispiel können die aktuellen Informationen immer gleich aufbereitet und dann in Form von E-Mails, Newslettern oder ähnlichen Dokumenten verschickt werden. Wer das erledigt, hängt davon ab, in welcher Form die Nachbereitung beauftragt und organisiert wird (siehe Seite 141ff.).

Eine schöne Idee ist es, für die Teilnehmer des Workshops Visualisierungsanker bereitzustellen. Das sind Gegenstände, die man sich beispielsweise auf den Schreibtisch stellen kann, etwa der Maßnahmenplan mit allen Unterschriften als Foto, ein Teambild mit dem gemeinsamen Motto oder eine Schreibtischunterlage, auf der alle wichtigen Ergebnisse des Workshops zusammengefasst sind. Solche Anker bewirken, dass sich die Teilnehmer immer wieder positiv an die Zeit erinnern und wissen, wofür sie kämpfen – nämlich für eine gemeinsame Sache. So fühlt sich jeder Einzelne immer wieder aufs Neue dazu verpflichtet, seinen Beitrag zu leisten.

Ihre Notizen

So kündigen Sie den Workshop im Unternehmen an

Der richtige Zeitpunkt, einen Workshop im Unternehmen anzukündigen, ist gekommen, wenn die konzeptionelle Vorbereitung weitestgehend abgeschlossen ist. Sie kennen schon das Motto, die Aufgabenstellung und die Ziele, die Sie mit dem Workshop verfolgen, und auch die Teilnehmer stehen bereits fest. Diese müssen nun noch einmal informiert werden, ebenso die Zaungäste. Dabei arbeiten der Entscheider im Unternehmen und der Workshop-Leiter eng zusammen.

Kommunikation ins Unternehmen

„Zaungäste" sind jene Mitarbeiter, die außen vor bleiben, die nicht dabei sind und bis dato noch nicht genau wissen, worum es geht. Es ist wichtig, dass auch sie umfangreich informiert werden, denn ansonsten kann das Flurfunkprinzip Störungen verursachen. Jeder ahnt etwas, aber keiner weiß etwas Genaues, weil das ganze Vorhaben noch geheim ist – und dennoch werden Interpretationen und Ausführungen zu allen möglichen Szenarien aufgestellt. Setzen Sie daher auf offene Kommunikation und informieren Sie mittels der Ihnen zur Verfügung stehenden Medien. Das sind meist E-Mails oder Newsletter im firmeneigenen Intranet, das auch für Sie als Externen geöffnet wird.

Bauen Sie die Unterlagen für diejenigen, die nicht am Workshop teilnehmen, möglichst einfach und übersichtlich auf. Verwenden Sie auch das Motto, denn so sprechen Sie Kopf und Bauch der Empfänger gleichermaßen an. Als Nächstes beschreiben Sie die Ausgangssituation und den Grund des Workshops in maximal drei Sätzen. Benutzen Sie einfache Formulierungen und klare Satzstellungen. Auch das Ziel wird in dieser Art dargestellt. Kündigen Sie an, dass Sie alle Mitarbeiter auf dem Laufenden halten und eine Kurzzusammenfassung nach dem Workshop geben werden. Laden Sie auch dazu ein, dass die Mitarbeiter jederzeit mit Fragen oder Anregungen zu Ihnen kommen können. Bieten Sie als Externer an, dass sie Sie per E-Mail oder Telefon erreichen können, um mit Ihnen direkt in Kontakt zu treten.

Einladung zum Workshop

Die Workshop-Teilnehmer bekommen Einladungen, in denen sich die gerade beschriebenen Punkte wie Motto, Ausgangssituation, Grund und Ziel ebenfalls wiederfinden. Zusätzlich erhalten sie eine Agenda mit den wichtigsten Tagesordnungspunkten und eine ausführliche Liste dazu, was sie vorbereitet mitbringen sollen oder worauf sie sich vorab vorbereiten müssen.

Sobald Sie auch Hotel und Workshop-Location gebucht sowie das Programm um den Workshop herum aufgesetzt haben, stellen Sie für jeden Teilnehmer ein kleines Package zusammen, das eine Anfahrtsbeschreibung/einen Routenplan, eine Hotelbeschreibung und eventuell eine Liste mit Sehenswürdigkeiten enthält. Wenn Sie ein Rahmenprogramm bieten, für das eine gewisse Ausstattung erforderlich ist, listen Sie dies auch auf, zum Beispiel wenn Wanderschuhe, Regenzeug oder Sportsachen gebraucht werden. Falls Sie weitere Freizeitaktivitäten planen, nehmen Sie diese nicht in die Einladung auf. Sie brauchen für den Workshop noch einige Überraschungen, die Sie im Vorfeld nicht verraten sollten.

_____

_____

_____

_____

_____

Worauf kommt es bei der Methodenauswahl an?

Nachdem Sie alle vorbereitenden Maßnahmen zum Workshop abgeschlossen haben, können Sie mit der Fein- und Detailplanung beginnen. Wenden wir uns zunächst den Methoden zu. Das Wort „Methode" kommt aus dem Griechischen und bedeutet so viel wie „Weg". Eine Methode stellt also dementsprechend einen Weg dar, über den ein vorgegebenes Ziel erreicht werden kann. Das wiederum heißt, dass es von den Aufgaben und Zielen des Workshops abhängt, welche Methoden jeweils geeignet sind. Sie dienen als Handwerkszeug eines Trainers und sollten auch so eingesetzt werden. Versuchen Sie doch einmal, mit einer Holzsäge ein Metallstück zu zersägen. Selbst wenn es Ihnen gelingt, entweder ist am Ende das Sägeblatt kaputt oder Sie sind mit Ihrer Kraft am Ende.

Sicher sind Ihnen viele Methoden bekannt und Sie wenden sie regelmäßig an. Doch wissen Sie auch, worauf es bei der Auswahl der jeweils passenden Methoden ankommt? Anhand der folgenden Beispiele möchte ich Ihnen den einen oder anderen Tipp dazu geben.

Workshop-Aufgabe 1: Die Entwicklung neuer Produkt- oder Dienstleistungsideen

Diese Thematik erfordert viel Kreativität, Spinnerei und einige Ausritte in eine Phantasiewelt. Wählen Sie daher Methoden, die die Kreativität anregen, und lassen Sie die Teilnehmer grenzenlos spinnen. Machen Sie sich klar, dass kreatives Spinnen und das Entwickeln von Ideen gelernt sein will. Sie müssen die Teilnehmer immer wieder anleiten, neue Impulse setzen und sie auffordern, mutig Ungewöhnliches zu denken. Das heißt auch, dass Sie als Moderator das Spinnen beherrschen müssen. Es ist oft nicht leicht, die Teilnehmer aus der Reserve zu locken, denn in der Regel werden Spinnereien im Arbeitsalltag unterdrückt.

Hinzu kommt, dass Sie sich bei dieser Aufgabe innerhalb der Corporate Identity (CI) des Unternehmens bewegen oder gar eine neue CI kreieren müssen. Diese Workshops machen in den meisten Fällen sehr viel Spaß, denn die Gruppe arbeitet auf einem breiten Feld und dennoch stehen am Ende oftmals erstaunliche Ergebnisse.

Vorschlag zur Vorgehensweise: Arbeiten Sie mit außergewöhnlichen Methoden, lassen Sie die Teilnehmer zum Beispiel in die verschiedensten Rollen schlüpfen, vom Papst bis hin zum Bundeskanzler oder Außerirdischen. Wer eine andere Perspektive einnimmt, kommt möglicherweise zu komplett neuen Ansätzen.

Workshop-Aufgabe 2: Lösungen für immer wiederkehrende Problematiken in bestehenden Prozessen

Dieses Themenfeld ist sehr interessant, denn hier gilt es, eingefahrene Routinen zu durchbrechen, alte Zöpfe abzuschneiden und neue Wege zu beschreiten. Sie als Workshop-Leiter stehen hier vor einer echten Herausforderung, denn Sie haben die Aufgabe, die Mitarbeiter vom Erlernten weg hin zu neuem Lernen oder neuen Arbeitsweisen zu führen. Diese Neuerungen müssen jedoch methodisch von den Teilnehmern erarbeitet werden, denn eine verordnete Vorgehensweise oder verpflichtende Anleitung zur Verbesserung wird nur selten akzeptiert.

Vorschlag zur Vorgehensweise: Um an diese Thematik heranzugehen, verwenden Sie am besten Analogien oder Beispiele aus Branchen, in denen kleine Fehler massive Auswirkungen haben. Bereiten Sie diese auf und bearbeiten Sie Ihre Aufgabe mithilfe der Analogietechnik – sie werden einen Aha-Effekt erleben.

Workshop-Aufgabe 3: Strategische Planungen und Zielvereinbarungen

Innerhalb dieses Themenblocks arbeiten Sie sehr strukturiert und orientieren sich an den Gegebenheiten des Unternehmens. Die besondere Herausforderung besteht darin, neue Aspekte in die Planungen oder Zielvereinbarungen einzubringen, sich tief in die Thematik des Unternehmens einzuarbeiten und eine gewisse Außensicht einzubringen. Zum einen müssen Sie versuchen, die Mitarbeiter auf Geschehnisse aufmerksam zu machen, die aus einer gewissen Betriebsblindheit heraus resultieren. Zum anderen geht es auch ein bisschen um Glaskugellesen: Was ist der Trend von morgen? Welche Bedürfnisse haben Menschen in ein, zwei oder fünf Jahren? Wie sieht dann das Unternehmen aus? Wohin möchte es sich verändern? Welche Bereiche werden ausgebaut und welche können verkleinert werden?

Vorschlag zur Vorgehensweise: Als Moderator sollten Sie hier methodische Planspiele aus komplett anderen Branchen anlegen und diese im Workshop durchdeklinieren lassen.

Workshop-Aufgabe 4: Teamentwicklung und Teampflege

Hier haben Sie es zweifelsohne mit dem emotionalsten Workshop-Thema zu tun, Sie müssen mit allem rechnen. Es kann durchaus Situationen geben, in denen ein Teilnehmer zusammenbricht, weil er sich einem gewissen Druck ausgesetzt fühlt. Oder es kommt zu Komplikationen, mit denen vorher niemand gerechnet hat.

Ebenso kann es sein, dass Sie einen einzigen Punkt oder ein Ereignis in der Gruppe nicht greifen können, sodass weiterhin eine Belastung für das Team bestehen bleibt. Wie gut die Zusammenarbeit funktioniert, hängt vom Entwicklungsgrad und dem aktuellen Stand im Team ab. Hier brauchen Sie Antennen und eine gewisse Sensibilität, um Stimmungen und Signale aus der Gruppe einzufangen.

Vorschlag zur Vorgehensweise: Methodisch sind Gruppen- und gemeinsames Arbeiten am wichtigsten und hilfreichsten. Gestalten Sie bei Workshops zur Teamentwicklung außerdem ein gutes Rahmenprogramm, bei dem sich die Teilnehmer auch auf der persönlichen Ebene näherkommen können.

Workshop-Aufgabe 5: Strategische Neuausrichtungen von Abteilungen oder ganzen Unternehmen

Dieses Thema bietet den Teilnehmern eine spannende Spielwiese, sie können sich ein Unternehmen der Zukunft aufbauen und dieses durch alle Abteilungen hindurch strukturieren. Sie als Moderator leiten die Teilnehmer dazu an, immer neue Visionen zu kreieren. Ihre Aufgabe ist es dann, diese in eine umsetzbare Form zu bringen, ohne dass eine der Ideen, die im Workshop auftauchen, verlorengeht.

Vorschlag zur Vorgehensweise: Sorgen Sie dafür, dass die Teilnehmer möglichst visionär arbeiten können. Zukunftskonferenzen und Visionsplanspiele eignen sich für dieses Thema besonders gut, da dabei der übliche Rahmen überschritten werden kann.

Workshop-Aufgabe 6: Budget- und Ressourcenplanung

Wenn es um die Budget- und Ressourcenplanung geht, liegt die Herausforderung darin, den tatsächlichen Bedarf und die finanziellen Planungen in Einklang zu bringen. Als Moderator sollten Sie sich hier sehr gut vorbereiten, vor allem müssen Sie sich in alle Abteilungen des Unternehmens hineindenken und -versetzen – von der Organisation über das Controlling, die Produktion, den Vertrieb, das Marketing, die administrativen Bereiche bis hin zur Chefetage. Jeder dieser Bereiche bringt ein Bedürfnis, ein Ziel und eine Anforderung in den Workshop ein, und alle diese Aspekte wollen natürlich berücksichtigt werden. Da heißt es für Sie: Ärmel hochkrempeln und anpacken.

Vorschlag zur Vorgehensweise: Hier kommen Sie nur voran, wenn Sie ganz analytisch bleiben. Entwickeln Sie Annäherungsmethoden, systemische Vorgehen und Planspiele, die alle Bereiche der Aufgabe abdecken. Mithilfe der Ziel- und Bedürfnisscheiben können Sie ein sehr anschauliches Bild in Hinblick auf Ressourcen zeichnen, das sich sehr gut in den Arbeitsalltag übersetzen lässt.

Sorgen Sie für Wohlfühlatmosphäre im Workshop

Wenn Sie wollen, dass die Teilnehmer möglichst lange von Ihren Workshops sprechen und sich positiv daran erinnern, dann sorgen Sie für ein echtes Erlebnis und für Wohlfühlatmosphäre. Nun hört sich das leichter an, als es manchmal umzusetzen ist, denn Wohlfühlen ist ein persönliches Empfinden und wird unterschiedlich interpretiert. Zudem sind viele unbekannte Randfaktoren mit einzubeziehen, und speziell in Workshops zur Teamentwicklung oder zum Konfliktmanagement, in denen die Stimmung vielleicht von vornherein angespannt ist, lässt sich das Gefühl nur schwer beeinflussen. Steigen Sie in solche Workshops möglichst entspannt, mit viel Charme und spielerisch ein. Je gelöster die Stimmung innerhalb der ersten halben Stunde ist, desto mehr Spaß wird das Arbeiten an diesem Tag machen. Lassen Sie sich beispielsweise in der Begrüßungsrunde die skurrilsten Urlaubserlebnisse erzählen, die schrägsten Geschichten, die mit einer Hotline erlebt wurden, oder andere Dinge, die Menschen zum Lachen bringen. Führen Sie die Teilnehmer auf einer anderen, emotionaleren Ebene zusammen. In solchen Situationen brauchen Sie sehr gute Antennen, müssen genau beobachten und selbst immer wieder versuchen, sich in die beteiligten Personen hineinzuversetzen, um auf deren Verhalten richtig zu reagieren.

Sie wissen es ja bereits, einem Workshop liegt eine gewisse Dramaturgie zugrunde. Gestalten Sie diese sorgfältig aus und berücksichtigen Sie dabei die folgenden Aspekte. Wenn Sie die Teilnehmer erreichen wollen, müssen Sie sie sowohl auf der Bauchebene als auch auf der Kopfebene ansprechen. Dafür sind einerseits kommunikationsfördernde Spiele während des Workshops wichtig, andererseits aber auch die Details, die wir als gegeben hinnehmen, die einfach dazugehören wie der ansprechend gedeckte Tisch zum Mittagessen oder die Accessoires, die Sie während des Workshops einsetzen. Bedenken Sie auch, dass Sie an solchen Tagen Menschen zusammenführen. Wenn Teilnehmer aus unterschiedlichen Unternehmen stammen, ist die Wahrscheinlichkeit sehr hoch, dass sie sich nicht kennen. Dann sorgen eine entspannte Atmosphäre, ein schönes Ambiente und einige Details im Hintergrund dafür, dass sich die Menschen dennoch wohlfühlen. Ihre Aufgabe während des Workshops besteht auch darin, den Ablauf so zu steuern, dass Zeit zum Kennenlernen und für den gegenseitigen Austausch bleibt.

An dieser Stelle bekommen Sie einige Anregungen dazu, wie Sie bei den Workshop-Teilnehmern sowohl den Kopf ansprechen, also einen gewissen Lerneffekt bewirken, als auch den Bauch, der für die Emotionen zuständig ist. Wenn Sie diese Faktoren optimal aufeinander abstimmen, sind Sie auf dem besten Weg, einen nachhaltigen und für die Teilnehmer ereignisreichen Workshop mit Erinnerungswert zu schaffen.

Schnitzeljagd

Für dieses Spiel greifen Sie auf das Motto Ihres Workshops zurück. Bereiten Sie Zettel vor, auf denen jeweils Teile des Mottos zu lesen sind. Und so geht's: Bevor Sie überhaupt mit dem Workshop beginnen, sammeln sich alle Teilnehmer rund einen Kilometer von der Workshop-Location entfernt. Teilen Sie sie dort in Zweiergruppen ein. Jede bekommt eine Aufgabe, deren Lösung sie zu einem der vorbereiteten Papierschnitzel führt, die Sie auf dem Weg zur Tagungslocation versteckt haben. So ergibt sich gleich eine erste Gelegenheit für die Teilnehmer, sich zu beschnuppern und kennenzulernen.

Wenn alle Teilnehmer am Ziel angekommen sind, setzen Sie das Motto gemeinsam wie ein Puzzle zusammen. Sorgen Sie dafür, dass alle Beteiligten diesen Akt als eine erste Zusammenarbeit betrachten und schon zu diesem Zeitpunkt das Motto als Leitsatz für die kommenden Aufgaben im Workshop verstehen.

Nachtwanderung

Wenn sich die Teilnehmer bereits am Vorabend des Workshops treffen, planen Sie bei gutem Wetter eine Nachtwanderung. Nachtwanderungen haben den Effekt, dass Gespräche, die sich dabei ergeben, in einer gewissen Intimität geführt werden und die Teilnehmer leiser miteinander sprechen. Hinzu kommt, dass sich die Sinne deutlich stärker auf das Hören als auf das Sehen konzentrieren.

Bilden Sie Zweiergruppen und geben Sie jedem Paar die Aufgabe, dass der eine Teilnehmer in möglichst kurzer Zeit möglichst viel über den anderen in puncto Hobbys, Urlaub und Freizeitaktivitäten in Erfahrung bringen soll. Verändern Sie die Kombination der Paare nach der halben Strecke, dann geht es wieder um die gleiche Aufgabe.

Am Ziel angekommen, trinken alle zusammen etwas, vielleicht ein Glas Prosecco. Dabei erzählen sich die Teilnehmer die Geschichten, die sie auf der Wanderung vom Kollegen und Mitstreiter gehört haben. Dabei stellen immer zwei Personen eine dritte vor. Die vorgestellte Person darf dann natürlich noch Details berichtigen oder hinzufügen, wenn sie möchte. Das Spiel dauert so lange, bis alle vorgestellt wurden.

Nehmen Sie sich als Workshop-Leiter bei dieser Runde nicht aus, denn Sie sind in erster Linie auch ein Teilnehmer, den die anderen Beteiligten noch nicht kennen. Auf diese Weise verschaffen Sie sich einen persönlicheren Zugang zu den Teilnehmern und binden sie stärker in die Gruppe ein. Auf dem Rückweg finden sich die Teilnehmer ganz von selbst zu Gesprächen zusammen, denn dann bietet sich eine gute Gelegenheit, um sich über das Gehörte auszutauschen.

Gemeinsames Frühstück und Mittagessen

Das Frühstück nehmen am besten alle zusammen ein. Planen Sie dafür ruhig eine halbe Stunde Zeit ein, damit nicht schon am Morgen Hektik ausbricht.

Für das Mittagessen gibt es unterschiedliche Varianten. Wenn Sie genügend Zeit haben und das Wetter mitspielt, können alle gemeinsam grillen – auf die althergebrachte Art am Lagerfeuer. Das bedeutet, dass verschiedene Aufgaben zu erfüllen sind: Einer muss sich um das Feuerholz kümmern, ein anderer das Essen vorbereiten, wieder ein anderer den Tisch decken etc. Achten Sie bei Outdooraktivität darauf, dass möglichst viele Materialien aus der Natur Verwendung finden und dass versucht wird, sich mit den einfachsten Mitteln, die eben da sind, weiterzuhelfen. Diese Art des Mittagessens hat den Vorteil, dass Sie damit ein ganz bestimmtes Erlebnis schaffen. Sie schärfen die Sinne der Teilnehmer auf andere Dinge hin, manchmal werden sogar verborgene Talente entdeckt.

Gehen Sie in ein Lokal, bitten Sie darum, dass ein Tisch für alle hergerichtet wird. Trennen Sie die Teilnehmer gerade beim Essen nicht voneinander, denn das würde die Grüppchenbildung unterstützen und dem gemeinsamen Arbeiten entgegenwirken. Wenn Sie die Speisen schon vorher auswählen und mit dem Restaurant besprechen, bitten Sie um leichte Kost. Je schwerer das Essen im Magen liegt, desto schwieriger ist das Weiterarbeiten am Nachmittag.

Pausen

Planen Sie zwischen den einzelnen Arbeitsschritten genügend Pausen ein. Am Nachmittag sollte das mehr sein als am Vormittag, denn nach dem Mittagessen setzt die „Lebensmittelnarkose" ein. Die Teilnehmer werden weniger leistungsfähig, das Essen liegt vielleicht noch im Magen und die Konzentration lässt nach. Dauert der Workshop bis in den Abend, nehmen Sie sich am Nachmittag eine halbe Stunde Zeit für einen gemeinsamen Spaziergang.

Legen Sie die Pausen immer an das Ende eines Arbeitsabschnitts, denn dann ist die Wahrscheinlichkeit sehr hoch, dass die Ergebnisse daraus unter den Teilnehmern informell diskutiert werden. Genau das gibt neue Impulse für das Weiterarbeiten. Wenn Sie nach einer solchen Pause wieder einsteigen, fassen Sie als Erstes das Ergebnis noch einmal zusammen und fragen die Teilnehmer, ob noch neue Aspekte hinzugekommen sind.

Verlassen Sie in den Pausen auf jeden Fall den Workshop-Raum, denn der braucht, genauso wie die Teilnehmer, dringend frische Luft. Öffnen Sie also die Fenster und lüften Sie gut durch.

Und noch ein Hinweis: Denken Sie daran, dass nicht der Workshop-Leiter der Pausenregulator ist, sondern die Teilnehmergruppe. Beobachten Sie genau, wann sich erste Konzentrationsschwächen einstellen oder wann jemand unbedingt eine Zigarette rauchen will. Sie als Moderator sind während des gesamten Tages sehr konzentriert, Ihr Adrenalinspiegel ist sicherlich wesentlich höher, sodass Sie selbst gar nicht merken, wann eine Pause nötig ist.

Spiele und andere Aktivitäten während des Workshops

Spielen macht Spaß, aber nicht jedes Spiel macht allen Teilnehmern gleichermaßen Spaß. Bedenken Sie, dass jeder Mensch anders ist, andere Vorlieben und Abneigungen hat. Spiele, die eine große körperliche Nähe erfordern, sollten Sie daher nur dann einsetzen, wenn die Gruppe das zulässt. Zwingen Sie solche Vorgaben niemandem auf, Sie tun sich selbst keinen Gefallen damit. Rollenspiele oder Spiele, bei denen gefilmt wird, sind ebenso kritisch zu betrachten. Respektieren Sie es, wenn ein Teilnehmer hier nicht mitmachen möchte, denn hier hat jeder eine Grundscham, die erst durch ein gewisses Maß an Vertrauen überwunden werden kann. Und das ist manchmal in der kurzen Zeit eines Workshops nicht möglich.

Dafür gibt es eine Reihe von Spielen, die sich bestens für Workshops eignen – hierzu ist auch eine ganze Menge Literatur verfügbar. Sie können aber auch selbst Neues erfinden oder erfinden lassen – am besten von denjenigen, die es wirklich gut können, nämlich von Kindern.

Dauert der Workshop mehrere Tage, planen Sie Aktivitäten, die eine thematische Verbindung haben. Vorstellbar sind zum Beispiel Rafting und Canyoning bei Teamentwicklung, der Besuch einer Klinik oder eines Produktionsbetriebs, wenn es um Prozessentwicklung geht, Theater oder Filme, wenn es um das Thema Inszenierungen geht. Wenn Ihnen mal keine passende Aktivität einfällt, dann wenden Sie sich an eine Eventagentur und bitten sie um Vorschläge.

Recherchieren Sie auch im Internet, welche Aktivitäten in der Umgebung der Tagungsstätte angeboten werden. Die meisten Städte haben ein sehr gutes Portal mit Touristeninformationen eingerichtet, wo Sie das Richtige aussuchen und oft auch direkt buchen können.

Handy- und E-Mail-freie Zone

Gestalten Sie Ihren Workshop so, dass sich die Teilnehmer voll und ganz auf die Thematik konzentrieren können und möglichst wenige Störungen von außen zu erwarten sind. Erklären Sie den Workshop-Raum zur Handy- und E-Mail-freien Zone und bitten Sie die Teilnehmer, sich möglichst auch in den Pausen daran zu halten. Die Phasen sollen nämlich zur Entspannung, zum gemeinsamen Gespräch und zum Luftholen genutzt werden und nicht, um sich anderem Stress auszusetzen.

Kündigen Sie stattdessen an, dass Sie jeweils am Vormittag und am Nachmittag eine zehnminütige Unterbrechung für Telefonate oder das Abrufen von E-Mails eingeplant haben. Bitten Sie die Teilnehmer auch, diese zehn Minuten nicht zu überschreiten, denn es ist sehr störend, wenn alle auf einen Teilnehmer warten müssen und deshalb nicht weitermachen können.

Details

Jeder Mensch hat eine sehr selektive Wahrnehmung, speziell dann, wenn es um Details geht. Dem einen sind sie wichtig und ihm fallen sie auf, der andere sieht sie nicht, weil sie sich so in das Gesamtbild einfügen, dass sie einfach dazugehören. Dennoch sind kleine Einzelheiten extrem wichtig. Stellen Sie sich vor, Sie gehen an einem Schaufenster vorbei. Sie sehen in der Auslage eine Anzugkombination, die Ihnen gefällt. Auch Schuhe, Krawatte, Manschettenknöpfe und Gürtel, die ausgesprochen gut zu der Kleidung passen, wurden dazu kombiniert. Daraufhin gehen Sie in das Geschäft und schauen sich diesen Anzug an – plötzlich sieht er gar nicht mehr so sensationell gut aus. Entscheidend sind hier die Accessoires, die den Anzug zu etwas Besonderem machen.

Genauso funktioniert ein guter Workshop. Wenn alles Material aufeinander abgestimmt ist und die Details passen, trägt das entscheidend zu einem „schönen" Workshop bei.

Hier einige Vorschläge für „Accessoires": Wenn Sie viel Gruppenarbeit eingeplant haben, können Sie für das Auswahlverfahren der Gruppen ein Memory mit dem Workshop-Motto und vielleicht den Produkten des Unternehmens gestalten. Wenn Sie Lose einsetzen wollen, fügen Sie jedem Los noch einen schönen Spruch hinzu, ähnlich wie in Glückskeksen. Zugegeben, das bedeutet Extraarbeit und enormen Zeitaufwand, aber es wird sich lohnen. Menschen sind auch Jäger und Sammler, sie werden sich genau diese Dinge mit nach Hause oder ins Büro nehmen und gerne an den Workshop zurückdenken.

Ihre Notizen

_____

_____

_____

_____

_____

Die gängigsten Teilnehmertypen und wie Sie mit ihnen umgehen

Es ist erstaunlich, aber in jedem Workshop finden sich mehr oder weniger ausgeprägte Typen von Teilnehmern, die manchmal den Ablauf stören oder in irgendeiner Art und Weise auffallen. Wichtig ist, dass Sie sich auf diese Charaktere einstellen und sich bereits vorher überlegen, wie Sie mit ihnen umgehen wollen.

Der Co-Referent Dieser Teilnehmer weiß zu allem und jedem etwas. Er ist davon überzeugt, ein schier unbegrenztes Fachwissen zu haben, was sich aber nur selten in der Praxis bestätigt. Er will die Aufmerksamkeit der übrigen Teilnehmer, sucht nach Beifall und Anerkennung und glaubt, die anderen in jeder Situation unterstützen zu müssen. Im schlimmsten Fall kann es sogar so weit gehen, dass er seine Meinung, die für ihn die einzig wahre ist, vehement vertritt und sie immer wieder platziert.

Wie Sie damit umgehen: Beziehen Sie ihn bis zu einem gewissen Maß ein, sofern er als Unterstützer für die Sache arbeitet: Lassen Sie ihn zum Beispiel Pinnwände vorbereiten. Vertritt er seine Meinung sehr vehement und versucht eine dominante Rolle im Ablauf zu übernehmen, machen Sie ihm unmissverständlich klar, wer der Moderator und wer der Teilnehmer ist. Sprechen Sie dieses Verhalten sachlich, aber deutlich an und ziehen Sie bewusst die Grenze. Hierfür können Sie die Rote Karte (siehe Seite 103) einsetzen.

Der Besserwisser Dieser Typ ist die verschärfte Form des Co-Referenten, er betreibt unter dem Deckmantel der Expertenschaft nicht selten Sabotage und stört damit den Ablauf. Die Gründe für seine Besserwisserei können vielfältig sein, zum Beispiel mangelndes Selbstvertrauen, schlechte Teamintegrität oder einfach kein Spaß am Workshop.

Wie Sie damit umgehen: Bremsen Sie ihn aus. Das schaffen Sie entweder im Plenum auf eine sachliche Art, indem Sie ihm klarmachen, dass es um das gemeinsame Erarbeiten einer Lösung und vor allem um den Lerneffekt geht. Oder Sie nehmen ihn zur Seite und klären die Fronten unter vier Augen.

Der Nörgler Er findet in jeder Suppe ein Haar und hat an jedem Beitrag oder jeder Methode etwas auszusetzen. Nichts läuft so, wie er sich das vorgestellt hat, und seiner Meinung nach haben alle anderen sowieso keine Ahnung. Nörgler sind seltsam, denn sie nörgeln aus Prinzip oder – und das ist ein relativ weit verbreiteter Grund – sie können keine sachlichen und objektiven Argumente formulieren. So sind sie dazu übergegangen, sich Gehör durch Nörgeln zu verschaffen.

Wie Sie damit umgehen: Lassen Sie ihm ein gewisses Maß an „Nörgelfreiheit", aber bringen Sie seine Beiträge immer wieder auf eine sachliche Ebene. Fordern Sie ihn außerdem dazu auf, konstruktive Beiträge zu liefern. Nimmt die Störung überhand, dann müssen Sie ihn einbremsen oder im schlimmsten Fall sogar nach Hause schicken. Es ist nicht sinnvoll, Hunde zum Jagen zu tragen.

Der Gruppenclown Immer hat er einen Scherz auf den Lippen, was grundsätzlich nicht schlecht ist. Denn er kann in schwierigen Situationen eine Leichtigkeit in die Gruppe bringen. Jedoch ist zu viel davon schlecht für effizientes Arbeiten und stört den Fluss.

Wie Sie damit umgehen: Spaß am Arbeiten ist wichtig, das steht außer Frage. Versuchen Sie den Spaß in wohldosierten Einheiten zu verabreichen und auf den Tag aufzuteilen, indem Sie einen entsprechenden Hinweis einfließen lassen.

Der Schweiger Speziell in Workshops zur Teamentwicklung oder Gruppen-Workshops machen die Schweiger den größten Anteil aus. Sie nehmen den Tag über alle Informationen auf, schreiben mit oder passen sich den Gegebenheiten des Ablaufs an. Von ihnen werden Sie relativ wenig mitbekommen.

Wie Sie damit umgehen: Beobachten Sie die Schweiger genau, es gibt unter ihnen immer einige, die sich einfach nur nicht trauen. Beziehen Sie diese Personen ein. Fangen Sie ganz behutsam mit einfachen Fragen an und bestätigen oder untermauern Sie die Antworten. Damit machen sie diesem und den anderen Teilnehmern Mut. Sie werden sehen, die Beteiligung nimmt zu.

Diese Liste können Sie erweitern, denn nach und nach werden sich immer mehr Typen herauskristallisieren. Einige von ihnen sind eine Bereicherung für Workshops, einige können zur Belastung werden. Bedenken Sie aber, dass Menschen dennoch individuell sind. Nehmen Sie daher jeden Teilnehmer so, wie er ist, verbiegen und verändern sie ihn nicht, machen Sie lediglich die Rollenverteilung klar.

FAQ: Was tun, wenn es einmal nicht läuft wie geplant?

Ein Workshop ist per se schon ein umfangreiches Projekt, Sie müssen an alles denken und jedes Detail berücksichtigen. Und nun sollen Sie auch noch über „Worst-Case-Szenarien" nachdenken. Doch das gehört ebenfalls zu einer guten Vorbereitung. Wenn Sie schon über den schlimmsten Fall nachgedacht haben, können Sie sich Ihre Reaktion vorab überlegen und souveräner mit schwierigen Situationen umgehen. Hierzu finden Sie im Folgenden einige Anregungen. Führen Sie diese Liste für sich weiter, denn Sie werden Ihre ganz eigenen Erfahrungen machen. Was also könnten Sie tun, …

… wenn die Erwartungshaltungen sich nicht mit den Workshop-Zielen decken?

Die Erwartungshaltungen klären Sie bereits zu Beginn des Workshops. Dabei stellt sich manchmal heraus, dass Teilnehmer dabei sind, die mit ganz anderen Erwartungen gekommen sind, die vom Chef geschickt wurden oder die sich unter dem Thema etwas ganz anderes vorgestellt haben.

Das kann passieren, wenn der Workshop nicht richtig kommuniziert wurde. Achten Sie deshalb schon im Vorfeld darauf, dass Sie die Ankündigung des Workshops möglichst klar und zielorientiert formulieren und dabei den Inhalt des Workshops auf den Punkt bringen.

Wie Sie damit umgehen: Ist ein Teilnehmer in Ihrem Workshop, der etwas völlig anderes erwartet hat, fragen Sie nach, ob er die für ihn neuen Inhalte erarbeiten will und damit etwas anfangen kann. Versuchen Sie auf jeden Fall, ihn vom geplanten Thema zu begeistern und Punkte zu finden, wo Ihr Workshop an seine Interessen anknüpft. Sie können ihm auch anbieten, sofern es Ihre Zeit erlaubt, in einem gesonderten Gespräch noch einmal auf seine Wünsche und Bedürfnisse einzugehen. Sollte die betreffende Person sich jedoch partout nicht mit dem Thema identifizieren können, ist es besser, dass Sie ihr freistellen, ob sie teilnehmen möchte oder nicht. Im schlimmsten Fall entwickelt sich dieser Teilnehmer nämlich zu einem Nörgler oder Störer, wenn er unzufrieden ist.

... wenn die Methoden nicht zielführend sind?

Nicht jede Methode ist geeignet, um zum gewünschten beziehungsweise definierten Ziel zu kommen. Dafür gibt es viele Gründe: Die Teilnehmer kommen mit der Methode nicht klar, die Methode wird nicht richtig angewandt, die Aufgabe ist komplexer als gedacht und die gewählte Methode passt nicht dazu, Sie konnten die Methode nicht richtig erklären etc.

Als Workshop-Leiter müssen Sie sich immer wieder selbst kritisch prüfen und notfalls eine Kurskorrektur vornehmen. Bereits in den ersten Minuten lässt sich erkennen, ob eine Methode funktioniert oder nicht. Achten Sie darauf, ob die Teilnehmer ohne lange Diskussionen bezüglich der Herangehensweise anfangen oder ob sie mit ratlosen Gesichtern dasitzen und sich mit jeder Menge Fragen an Sie wenden.

Wie Sie damit umgehen: Funktioniert eine Methode nicht, weil die Teilnehmer sie nicht anzuwenden wissen, versuchen Sie zunächst die Gruppe anzuleiten. Bedenken Sie, dass einige von ihnen vielleicht noch nie an einem Workshop teilgenommen haben oder aber in ihren Denkstrukturen ganz anders gepolt sind. Das passiert oftmals, wenn eine Aufgabe mit Analogien zu tun hat, denn viele Menschen können sich nur langsam in andere Branchen oder Bereiche hineindenken.

Klappt das nicht und ist die Methode wirklich zu schwierig in der Anwendung, sollten Sie eine Fallbacklösung vorbereitet haben. Stellt sich zum Beispiel heraus, dass eine Aufgabe zu komplex ist, versuchen Sie sie zu splitten und als Teilaufgaben in Gruppenarbeit lösen zu lassen. Überlegen Sie sich auch für solche Situationen geeignete Methoden, auf die Sie dann zurückgreifen können.

... wenn die Motivation der Gruppe nachlässt?

Denken ist harte Arbeit – Kopfarbeit. Das macht müde, und ab einem gewissen Zeitpunkt können die Teilnehmer nichts mehr aufnehmen. Aufgaben in Workshops sind manchmal besonders zermürbend. In der Gruppe dauert es deutlich länger, bis eine Lösung gefunden ist, als wenn man alleine arbeitet. Extrem wichtig ist aber, dass das Ergebnis gemeinsam erarbeitet wird, sodass alle es mittragen.

Wie Sie damit umgehen: Würdigen Sie auch schon das Erreichen von Teilzielen gebührend. Das alleine wirkt bereits als Motivationsfaktor und Bestätigung für die Teilnehmer, dass etwas vorangeht. Wenn die Gruppe gar nicht mehr in Schwung zu bringen ist, verlassen Sie den Arbeitspfad und spinnen Sie Zukunftsszenarien. Lenken Sie die Gedanken der Teilnehmer in eine andere Richtung, fragen Sie beispielsweise, welches Gefühl sie hätten, wenn die Aufgabe optimal gelöst und das Ergebnis in den täglichen Workflow integriert wäre. Welche Folgen hätte das, und wie würde der Arbeitsalltag dann aussehen? Versuchen Sie möglichst positive Assoziationen zu wecken, denn genau dieses Gefühl und die eigene Vorstellung sind es, wofür alle im Workshop arbeiten.

Generell gilt: Planen Sie ausreichend Pausen und Spiele ein, denn sie lenken die Gedanken in andere Richtungen und geben dem Kopf Zeit, sich zu erholen.

... wenn die Zeit nicht reicht?

Zeit ist fast immer ein leidiges Thema bei Workshops. Natürlich versuchen Sie, so viel Programm wie möglich zu planen, ohne aber den Tag oder die Tage zu überfrachten. Dennoch wird durch Entwicklungen und Rahmenbedingungen, die Sie im Vorfeld nur bedingt vorhersehen können, am Ende die Zeit meist knapp. Das ist auch ein gutes Zeichen, denn wenn zu viel Zeit übrigbleibt, kann das bedeuten, dass ein Thema nicht in seiner ganzen Tiefe bearbeitet wurde. Vielleicht wäre gar kein Workshop notwendig gewesen, oder die Teilnehmer wollten nur möglichst schnell zum Ende kommen. Zeitknappheit trotz optimaler Agenda und eingehaltener Planung hingegen bestätigt, dass das behandelte Thema Relevanz hat. Es so wichtig, dass es den Teilnehmern ein Bedürfnis ist, sich damit zu befassen, und sie sich in die Aufgabe hineinknien.

Wie Sie damit umgehen: Die Teilnehmer werden Ihnen sagen, ob sie an diesem Thema noch einmal weiterarbeiten wollen, eventuell in einem Folge-Workshop. Sollte das der Fall sein, klären Sie mit Ihrem Auftraggeber, welche Möglichkeiten es dafür gibt. Entlassen Sie die Teilnehmer aber auf jeden Fall mit einem Ergebnis, mit dem sie weiterarbeiten und erste Schritte umsetzen können. Der Vorteil eines weiteren Workshops besteht darin, dass eine gewisse Grundnachhaltigkeit garantiert ist. Denn die Teilnehmer werden bestrebt sein, erste Erfahrungen mit neuen Wegen zu machen. Der Nachteil ist, dass Kosten entstehen, die sich allerdings meist mit dem Nutzen rechtfertigen lassen. Alternativ können Sie regelmäßige Meetings vereinbaren, wenn die Teilnehmer aus einem Unternehmen kommen, die Sie als Workshop-Leiter begleiten.

... wenn die Ergebnisse nicht zufriedenstellend sind?

Ob ein Ergebnis gut oder schlecht ist, hängt zum Teil von der eigenen Wahrnehmung ab. Ein Resultat, das in Ihren Augen nicht zufriedenstellend ist, kann genau das richtige für die Teilnehmer sein. Auf jeden Fall ist ein Ergebnis dann gut, wenn es zum Ziel führt – auch wenn Sie eine andere Lösung besser gefunden hätten. In erster Linie ist entscheidend, dass die Teilnehmer damit arbeiten können.

Schlecht wäre es, wenn Sie am Ende eines Workshops feststellen müssen, dass das Ergebnis keinen der Beteiligten zufriedenstellt. Das ist der schlimmste Fall, der passieren kann, denn das heißt, dass Sie falsch an die Aufgabe herangegangen sind und bereits während des Workshops Kurskorrekturen hätten vornehmen müssen. Prüfen Sie sich deshalb während der Veranstaltung immer selbst, denn ein schlechtes Ergebnis wird Sie den Auftrag kosten.

Wie Sie damit umgehen: Prüfen Sie während des Workshops die Teilergebnisse auf Tauglichkeit in Hinblick auf das Ziel, die Aufgabenstellung und das, was sich die Teilnehmer in der Umsetzung vorstellen. Sind sie stimmig, kann am Ende kein schlechtes Gesamtergebnis stehen. Stellen Sie sich das Ganze so vor wie in der Schule: Wer über das gesamte Jahr hinweg gute Leistungen gebracht hat, wird am Ende nicht durchfallen, selbst wenn er die Prüfung wider Erwarten in den Sand setzen sollte.

... wenn keine Ideen kommen?

Ideen kommen in den seltensten Fällen auf Befehl. Zum kreativen Ideenspinnen müssen Sie Menschen hinführen und Ihnen die entsprechenden Freiräume und Gelegenheiten verschaffen. Dafür gibt es viele sehr gute Methoden. Grundlegend wichtig ist, dass Sie an dieses Thema entspannt herangehen. Wenn jemand aus einem Termin heraushetzt und sofort Ideen generieren soll, wird er scheitern. Jeder braucht Zeit, um seinen Kopf freizubekommen und das Denken in andere Richtungen zu lenken – ausgenommen natürlich Berufsspinner, Dauerquerdenker und laufende Ideenmaschinen auf zwei Beinen, die es tatsächlich gibt. Bedenken Sie zudem, dass der Berufsalltag nur wenig Zeit und Raum lässt, um aktiv zu spinnen. Die meisten von uns sind in ihren Arbeitsprozessen so dermaßen gefangen, dass sie sich nicht gleich darauf einlassen können.

Wie Sie damit umgehen: Für Sie als Workshop-Leiter und Moderator heißt das, dass Sie immer wieder Impulse geben müssen, um das Denken der Teilnehmer in verschiedene Richtungen zu lenken. Das ist vor allem eine echte Herausforderung, wenn Sie es mit stark an Zahlen und Fakten orientierten Menschen zu tun haben. Kommen dennoch keine Ideen auf, versuchen Sie die Gruppe zügig zu analysieren: Finden Sie heraus, was sie bremst, und steuern Sie aktiv mit anderen Methoden gegen.

Manchmal hilft es auch, langsam an das Thema Ideen heranzugehen. Setzen Sie dazu eine Analogietechnik ein, mit der sich die Teilnehmer in eine völlig andere Branche, eine Problematik oder ein Thema hineindenken, ohne im ersten Moment eine Verbindung zu sich zu sehen. Dabei kann sich der Geist entspannen und wird langsam an das Neue herangeführt. Hat die Gruppe erst einmal Gefallen am anderen Denken gefunden, wird auch das Ideengenerieren funktionieren.

... wenn der Moderator nicht ernst genommen wird?

Diese Situation ist der Albtraum eines jeden Workshop-Leiters. Er bemüht sich, bereitet alles gut vor, ist selbst hochmotiviert – und die Teilnehmer nehmen ihn nicht ernst. Interne stehen öfter vor diesem Problem, denn es ist immer jemand in der Gruppe, der vorher schon direkten Kontakt zum Moderator hatte und vielleicht bereits den einen oder anderen Konflikt mit ihm austragen musste. Ebenso kann es sein, dass der Moderator zwar als Mitarbeiter im Unternehmen von den Kollegen toleriert, aber nicht akzeptiert wird. Auf dieser Ausgangsbasis lässt sich kein gutes Gesamtergebnis erzielen. Die Aufgabe eines Moderators besteht zwar auch darin, eine partnerschaftliche Beziehung zu den Workshop-Teilnehmern aufzubauen, er muss sich in die Gruppe integrieren können und zur richtigen Zeit wissen, wann er sich zurücknimmt, aber er muss immer auch eine Respektsperson sein. In seltenen Fällen kommen auch externe Moderatoren in eine solche Situation, die Gefahr ist jedoch um ein Vielfaches kleiner.

Wie Sie damit umgehen: Ein Workshop-Leiter, der schon im Vorfeld die Gefahr sieht, aufgrund persönlicher Differenzen oder Disharmonien zu scheitern, sollte den Auftrag ablehnen. Denn unter solchen Voraussetzungen wird der Workshop kein gutes Ergebnis erbringen. Ist die Vorbereitungsphase aber schon zu weit fortgeschritten und der „point of no return" bereits erreicht, muss der Workshop-Leiter versuchen, das Maximale aus der Veranstaltung herauszuholen. Unter diesen Umständen kann es hilfreich sein, eventuelle persönliche Ressentiments mit den betreffenden Personen bereits vorab zu klären.

... wenn der Moderator das Ziel verfehlt?

Komplette Zielverfehlung ist ein Horror. Zwar kommt das nur selten vor, es kann aber passieren, denn auch Workshop-Leiter sind nicht unfehlbar. Ein Grund hierfür kann sein, dass die Aufgabenstellung nicht mit den Bedürfnissen der Teilnehmer übereinstimmt, die Teilnehmer sich aber widerstandslos in die Inhalte fügen. Oder der Moderator kann sich mit dem Thema einfach nicht identifizieren. Damit stellt er sich aber selbst ein schlechtes Zeugnis aus, denn darüber müsste er vorher mit dem Auftraggeber reden und möglicherweise sogar den Auftrag ablehnen.

Wie Sie damit umgehen: Sind die Teil- und Gesamtziele vorher genau definiert, werden bei den Zwischenabstimmungen bereits erste Abweichungen sichtbar. Darauf reagieren sehr wahrscheinlich auch die Teilnehmer im Dialog und greifen regulierend ein, falls die Abweichungen zu stark werden. Gehen Sie auf diese Diskussion ein, versuchen Sie gemeinsam die Abweichungen in den Griff zu bekommen und steuern Sie einen neuen Kurs aus einer neuen Ausgangsposition heraus an.

... wenn einzelne Teilnehmer notorische Zuspätkommer sind?

Zuspätkommen spricht für fehlenden Respekt. Wer ständig unpünktlich ist, hat entweder ein schlechtes Zeitmanagement oder ist sich der Bedeutung seines Verhaltens gar nicht bewusst.

Wie Sie damit umgehen: Weisen Sie die Gruppe als Ganzes immer darauf hin, dass Sie ein straffes Programm vor sich haben, das Sie auch schaffen wollen. Auffällige Zuspätkommer dürfen Sie auch gerne direkt ansprechen, vielleicht nicht beim ersten Mal, aber beim zweiten Mal. Weisen Sie sachlich darauf hin, dass es nicht nur Sie in der Moderation stört, sondern die gesamte Gruppe beim Arbeiten behindert, wenn einer der Teilnehmer immer zu spät kommt.

... wenn die Teilnehmer die Pausenzeiten nicht einhalten?

Manchmal sind die Pausenzeiten einfach zu kurz. In fünf Minuten kann man schlecht alles schaffen, was in einer Pause so zu erledigen ist: den Gang zur Toilette und eventuell noch etwas zu trinken und eine Kleinigkeit zum Essen organisieren. Außerdem finden in den Pausen häufig Diskussionen statt, die sich um das aktuelle Thema drehen und damit das Weiterkommen im Workshop unterstützen.

Wenn Sie die Teilnehmer in die Pause entlassen, kündigen Sie an, wie viel Zeit Sie ihnen geben. Benutzen Sie einen Gong oder gehen Sie von Teilnehmer zu Teilnehmer, um auf das Ende der Pause hinzuweisen. Zwei Minuten sollten Sie der Gruppe aber schon noch einräumen, bis alle wieder auf ihren Plätzen sitzen.

Wie Sie damit umgehen: Fallen die Pausen extrem lang aus, müssen Sie die dadurch fehlende Zeit im schlimmsten Fall anhängen. Doch das ist nicht unbedingt förderlich, denn im Lauf des Tages lässt einfach die Konzentration nach.

... wenn die Workshop-Location nicht die richtige ist?

Bei guter Vorbereitung kann das eigentlich überhaupt nicht passieren. Gehen Sie also so vor: Bevor Sie eine Tagungsstätte oder eine Location buchen, sehen Sie sich die Räumlichkeiten unbedingt vorher an. Klären Sie alle Eventualitäten mit dem Betreiber und fragen Sie nach, was nicht offensichtlich ist. Das betrifft auch die Kosten, denn nicht alle Details, zum Beispiel Sonderwünsche bei der Verpflegung während des Tages (Obst, leichte Snacks etc.), sind im Preis inbegriffen.

Grundsätzlich sollte die Location einen Kontrast zum alltäglichen Arbeitsumfeld darstellen, die Teilnehmer sollen sozusagen ganz aus dem Arbeitsalltag herausgerissen werden. Vermeiden Sie daher auch Räume im

Unternehmen. Die kennt jeder, wodurch das Arbeiten an Kreativthemen deutlich träger wird.

Natürlich kann es zum Beispiel passieren, dass sich eine Baustelle vor der Tagungsstätte befindet. Der Lärm stört ungemein und Sie können während des Tages kaum die Fenster öffnen.

Wie Sie damit umgehen: Eine solche Situation ist natürlich eine extreme Herausforderung. Wenn das Hotel oder die Tagungs-location keinen anderen Raum für Sie zur Verfügung hat, können Sie nur wenig tun, um diesen Geräuschpegel abzustellen. Fragen Sie auf jeden Fall nach, wann die Bauarbeiter Mittagspause machen, ziehen Sie Ihre Mittagspause vor und arbeiten Sie zumindest in dieser Stunde konzentriert und in Ruhe.

... wenn Outdooraktivitäten aufgrund höherer Gewalt nicht stattfinden können?

Frische Luft tut den Teilnehmern auf jeden Fall gut. Doch der weise Satz „Es gibt kein schlechtes Wetter, sondern nur falsche Kleidung" greift hier nicht. Bei strömendem Regen ist an Outdoor gar nicht zu denken, denn die Teilnehmer können sich zwischendurch nicht umziehen oder ihre Sachen trocknen.

Wie Sie damit umgehen: Bereiten Sie immer auch eine Alternative vor, die innerhalb des Raumes funktioniert. Sie selbst brauchen die Entspannungsübungen genauso dringend wie die Teilnehmer.

... wenn kein Commitment durch die Teilnehmer zustande kommt?

Versuchen Sie herauszufinden, warum die Teilnehmer nicht hinter den Inhalten stehen. Und fragen Sie sich auch, ob es nur ein Einzelner ist, der sich nicht verpflichten möchte, oder ob die ganze Gruppe nicht eingestimmt ist.

Wie Sie damit umgehen: Wenn sich eine ganze Gruppe nicht verpflichten will, stellen Sie die Ergebnisse infrage. Prüfen und regulieren Sie, finden Sie eventuelle Unstimmigkeiten und beheben Sie diese. Versuchen Sie dann, mit den revidierten Ergebnissen ein Commitment zu erreichen.

... wenn die Materialien nicht vollständig sind?

Natürlich wird sich jeder Workshop-Leiter sehr detailliert auf das Thema vorbereiten und die entsprechenden Unterlagen und Arbeitsmaterialien erstellen. Dennoch kann es passieren, dass etwas fehlt.

Wie Sie damit umgehen: In solchen Situationen müssen Sie improvisieren. Wenn Unterlagen fehlen, skizzieren Sie deren Inhalte auf einem Flipchart oder einer Folie. So haben die Teilnehmer auf jeden Fall die Fakten vor Augen.

... wenn auf später verschobene Punkte nicht angesprochen werden?

Immer wieder kommt es in Workshops vor, dass eine Frage gestellt wird, die gerade gar nicht in den Zusammenhang passt oder zu weit vom aktuellen Thema wegführt. Häufig werden solche Fragen dann auf später verschoben – und manchmal im Eifer des Gefechts übersehen.

Wie Sie damit umgehen: Setzen Sie Piktogramme (siehe Seite 103ff.) ein, um sich an diese Themen zu erinnern. Ebenso ist es hilfreich, bewusst einen Suchlauf durch das Gehirn zu starten, um solche ungeklärten Punkte herauszugreifen, die Sie gedanklich auf später verschoben haben. Sollte die Zeit am Ende nicht mehr reichen, dann räumen Sie den offenen Fragen in der Nachbereitung einen speziellen Raum ein und besprechen Sie sie im Reflexionsgespräch.

Ihre Notizen

_____

_____

_____

_____

_____

Stufe 3: Durchführung des Workshops

Workshops sollen allen Beteiligten und vor allem auch Ihnen als Moderator Spaß machen. Je entspannter Sie sind, desto besser werden Sie in der Gruppe arbeiten können, um viele kreative und ergebnisorientierte Lösungen zu schaffen.

Sie haben nun Wochen investiert, um den Workshop vorzubereiten, und sich dabei voll und ganz auf die Theorie konzentriert. Jetzt geht es in die Praxis, und Sie werden sehen, dass sich die Mühen gelohnt haben. Je besser Sie vorbereitet sind, desto einfacher wird es für Sie. Damit möchte ich nicht sagen, dass die Durchführung ein Spaziergang wird, denn Sie müssen sich dabei extrem konzentrieren, aber Ihre gute Vorbereitung wird Ihnen Sicherheit geben, sodass Sie mit einem guten Gefühl durchstarten können.

Wake-up: der Einstieg in den Tag

Wie der erste Tag beginnt, ist entscheidend, ganz wie es die Redewendung „You never get a second chance to make a first impression" sagt. Sie haben nur einen einzigen Versuch. Achten Sie darauf, dass Sie möglichst authentisch bleiben und in einfachen Wörtern sprechen. Sie dürfen auch gerne die Teilnehmer zum Lachen bringen, und wenn Sie nervös sind, sagen Sie es einfach. Die meisten schätzen Ehrlichkeit mehr als eine coole, überlegene Art. Manchem Teilnehmer wird es nicht anders gehen als Ihnen: Er weiß auch nicht, was auf ihn zukommt. Workshoperfahrene Menschen haben schon viel erlebt und wurden unter Umständen auch zu Aktivitäten genötigt, die sie eigentlich nicht wollten und die einen negativen Eindruck hinterlassen haben. Bevor die Teilnehmer eintreffen, kümmern Sie sich um die organisatorischen Dinge, bereiten Sie zum Beispiel den Raum vor oder bestellen Sie in der Küche die Snacks für den Tag.

To dos

Organisatorisches am Workshop-Tag
- Stühle und Arbeitstische vorbereiten
- Benötigtes Werkzeug und Material verteilen (Papier, Stifte etc.)
- Motto gut sichtbar an exponierter Stelle aufhängen
- Willkommensplakat, Ziele-Charts und Agenda sichtbar im Raum platzieren
- Menüliste für Mittagessen besorgen, die Sie zu Anfang des Workshops an die Teilnehmer und dann an die Küche weitergeben
- Getränke und Snacks vorbereiten
- Stehtische und Pausenzubehör vorbereiten, gegebenenfalls Motto-Give-aways bereitlegen
- Technik auf Funktion prüfen (Beamer, Laptop, Projektionsgeräte etc.)
- Vorbereiten des Maßnahmenplans
- Schreibblöcke oder Arbeitsmappen und Stifte auf die Plätze verteilen
- Gegebenenfalls Unterkünfte für die Teilnehmer überprüfen
-

Ist die Gruppe komplett und der Smalltalk erledigt, starten Sie mit einer kurzen, aber knappen Begrüßung. Stellen Sie sich selbst vor und umreißen Sie in wenigen Sätzen den Ablauf des Tages sowie die Aufgaben und Ziele des Workshops. Präsentieren Sie kurz die Agenda und sprechen Sie die Pausenzeiten an. Dabei sind Ihre vorbereiteten Charts, die Sie gut sichtbar im Raum aufgehängt haben, eine große Hilfe.

Gleich zu Anfang sollten Sie zudem gemeinsam eine Regelung finden, wie Sie sich gegenseitig ansprechen wollen. Kennen Sie als Moderator die Teilnehmer nicht, bereiten Sie Namensschilder für jeden vor, auf denen Vor- und Nachname stehen. Kennen Sie die Teilnehmer bereits, reicht eventuell auch nur der Vorname. Eine gute Regelung, bei uns jedoch selten angewandt, ist die Kombination aus Vorname und Sie.

Für die Vorstellrunde nach der Einführung hat es sich bewährt, die Methode „Ich weiß etwas, das Ihr nicht wisst" einzusetzen. Mit ihr bringen Sie die Teilnehmer auf andere Gedanken und vor allem zum Lachen.

Die Teilnehmer setzen sich in einen Kreis. Nun hat jeder die Aufgabe, nicht sich selbst, sondern seinen Nachbarn, der rechts neben ihm sitzt, anhand dreier vorgegebener Punkte vorzustellen:

- Vorname/Name

- Aufgabenbereich

- Besondere Fähigkeit oder Hobbys, die keiner erwarten würde

Am besten fangen Sie mit der Vorstellung folgendermaßen an: „Rechts neben mir sitzt Herr Schuster. Er ist im Unternehmen zuständig für das Projektcontrolling und hat alle Zahlen im Blick. Seine besondere Eigenschaft, von der niemand etwas weiß: Er strickt leidenschaftlich gerne, und zwar Socken."

Achten Sie darauf, dass Sie Ihrem Nachbarn eine möglichst skurrile und abstruse Fähigkeit zuschreiben, etwas, das so gar nicht zu ihm passen will. Phantasieren Sie, was das Zeug hält. Diese Art der Vorstellung lockert die Atmosphäre und sorgt schon zu Beginn für eine besonders heitere und vor allem entspannte Stimmung.

Der Vorgestellte nimmt zu den Angaben Stellung. Sicherlich wird er bei den Fähigkeiten berichtigen müssen, und dann ist es an ihm, ein Hobby oder eine Vorliebe zu nennen, die tatsächlich keiner kennt und von ihm erwarten würde. Dann stellt diese Person ihren Nachbarn vor, so geht es einmal reihum.

Diskutieren Sie danach ruhig noch einzelne der genannten besonderen Fähigkeiten und Hobbys. Fragen Sie nach, wie die Betreffenden darauf gekommen sind, und starten Sie damit einen kleinen Smalltalk. Diese Vorstellrunde eignet sich übrigens auch gut für Teilnehmer, die sich bereits kennen. Hier werden Sie einige zu Lacher hören bekommen und schon einen ersten Eindruck davon gewinnen, wie die Kollegen ansonsten miteinander umgehen.

Anschließend gehen alle gemeinsam frühstücken, planen Sie dafür etwa 45 Minuten ein. Jetzt haben die Teilnehmer, die sich bisher nicht kannten, schon ein erstes Gesprächsthema, nämlich ihre Hobbys oder ihre Freizeitaktivitäten. Und mit dieser Methode haben Sie alle Teilnehmer aus ihrem Arbeitsstress und -alltag herausgerissen, sie fangen nun langsam an, sich zu entspannen.

Nach dem Frühstück steigen Sie locker, aber diszipliniert ins Thema ein. Bei Ihnen steigt ab jetzt der Adrenalinspiegel, Sie müssen den ganzen Tag hochkonzentriert sein, darauf achten, dass Ihnen nichts entgeht, und die Gruppe anleiten, für die an sie gestellten Aufgaben konkrete Lösungen zu suchen.

Zunächst klären Sie alles Organisatorische, zum Beispiel wo die Getränke und Snacks stehen, wo die Toiletten sind und wie die Themen Pausen, Rauchen, Telefon und Unterkünfte gehandhabt werden. Fragen Sie dann die Teilnehmer nach ihren Erwartungshaltungen: Mit welchem Hintergrund sind sie zu diesem Workshop gekommen? Was erwartet jeder Einzelne und was wollen die Teilnehmer aus dem Workshop mitnehmen?

Gehen Sie jetzt noch einmal auf die Agenda ein, erläutern Sie die einzelnen Arbeitsschritte und weisen Sie auf die Teilziele hin, die Sie am Ende bestimmter Arbeitseinheiten erreichen wollen. An dieser Stelle können Sie die eine oder andere Erwartung der Teilnehmer wunderbar mit einfließen lassen.

Zur Orientierung und Abgrenzung: Spielregeln für Ihren Workshop

In jedem Sport und bei jedem Spiel gibt es Regeln, sie anzuwenden setzt ein gewisses Maß an Disziplin und Können voraus. Auch in einem Workshop sind Regeln notwendig, um das Miteinander zu gestalten, deshalb brauchen Sie die Veranstaltung nicht diktatorisch zu leiten. Achten Sie vielmehr darauf, dass Sie Ihren Zeitplan einhalten, dass sich nicht gewisse Selbstläufer entwickeln, wie beispielsweise Seitengespräche oder Endlosdiskussionen, und die Gruppe gemeinsam den gewünschten Entwicklungs- und Lernprozess durchläuft. Der Umgang miteinander sollte von gegenseitiger Wertschätzung geprägt sein.

In der Erwachsenenbildung ist es aber wie in der Kinderbildung: Es passiert immer wieder, dass das Geschehen aus dem Ruder läuft, vielfach ist dafür eine besonders gelöste Stimmung verantwortlich. Aber auch sehr spannende Themen, die sich unendlich weiterspinnen lassen, sorgen manchmal dafür, dass die Stimmung zu ausgelassen wird.

Setzen Sie in solchen Situationen kleine Hilfsmittel ein, die den Teilnehmern auf charmante Art und Weise sagen: Hier ist etwas nicht in Ordnung – Kommando zurück. Der Vorteil dabei ist, dass Sie als Moderator niemanden persönlich ansprechen müssen und trotzdem ein Mittel haben, um schnell für Ruhe zu sorgen.

Rote Karte

Die Rote Karte kennen Sie alle vom Fußball, sie wird zum Beispiel gezogen, wenn ein hartes Foul begangen wurde. Bereiten Sie sich eine solche Karte, die in Ihre Hemd- oder Hosentasche passt, für den Workshop vor und setzen Sie sie so ein wie die Schiedsrichter im Fußball. Erklären Sie bereits zu Beginn, was es damit auf sich hat und was die Karte bedeutet – nämlich bis hierhin und nicht weiter. Erfahrungsgemäß entwickelt sich in der Gruppe ein sportlicher Ehrgeiz, meist dahingehend, dass die Teilnehmer selbst darauf achten, dass die Karte nicht zum Einsatz kommt.

Die Zeit ablaufen lassen

Es gibt in jedem Workshop Teilnehmer, die ständig alles diskutieren wollen. Begrenzen Sie dies, indem Sie eine kleine Sanduhr einsetzen, die dem Sprechenden anzeigt, dass seine Redezeit um ist. Das hat den Vorteil, dass Sie dem Redner nicht ins Wort fallen müssen. Er wird sich selbst bemühen, sich kurz zu fassen und nur das Wesentliche anzusprechen.

Kleine Orientierungshelfer

Als kleine Hilfsmittel eignen sich Buttons in Form von Piktogrammen, die Sie an den passenden Stellen anwenden, um optische Anker zu setzen. Sie können zum Beispiel ein Gesamtergebnis, das sich über viele Charts erstreckt, mit diesen Buttons, die jeweils eine bestimmte Kategorie darstellen, schnell und einfach strukturieren.

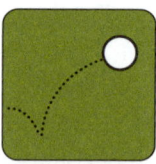

Idee
Das Ideenpiktogramm wird immer dann eingesetzt, wenn sich aus einem Schlagwort oder einem Satz auf dem Chart eine Idee realisieren oder zumindest weiterverfolgen lässt.

Diskussionsverbot
Dieser Button wird verwendet, wenn Sie zum Beispiel in der Ideenfindungsphase oder im Brainstorming sind. Dabei sind Diskussionen unerwünscht und unangebracht, weil sie schlichtweg den Kreativitätsfluss verhindern.

Merken für später
Es tauchen immer wieder Punkte auf, die Sie nicht sofort abarbeiten können. Versehen Sie diese mit einem „Merken für später".

Nachverfolgen
Themen, die während des Workshops nicht bearbeitet werden können, es aber sollten, bekommen ein „Nachverfolgen". Sie werden als Hausaufgaben mitgenommen.

Recycling
Alles, was am Ende des Workshops unbrauchbar geworden ist, wird mit einem „Wiederverwerten" versehen. Über diese Punkte brauchen Sie im aktuellen Zusammenhang nicht weiter nachzudenken, heben Sie sie aber für andere Aktivitäten auf.

Hinweis
Als Hinweise werden die Punkte gekennzeichnet, die verfolgt werden müssen, also Aspekte, die in Diskussionen einbezogen oder berücksichtigt werden sollten.

Spezialisten fragen
Es gibt Themen, die in der späteren Ausarbeitung Spezialistenwissen erfordern. Den Button können Sie noch um den Namen des Spezialisten erweitern, das macht es Ihnen bei der Nachbereitung leichter.

Sofortumsetzung (Quick Win)
Nach den Workshops gibt es immer einige Punkte, die das Team oder die Teilnehmer sofort umsetzen und anwenden können, die sogenannten Quick Wins. Aspekte mit solchem Charakter werden mit dem Button versehen.

Maßnahme
Der Maßnahmenplan wird gegen Ende des Workshops aufgesetzt, während der Veranstaltung werden die einzelnen Inhalte dazu erarbeitet. Alles, was später in den Maßnahmenplan mit einfließt, wird mit dem entsprechenden Button versehen.

Kommunikation
Viele Ergebnisse, Eindrücke oder Themen werden innerhalb der Unternehmen nicht ausreichend kommuniziert. Stoßen Sie auf solche Punkte, versehen Sie sie mit diesem Button. Weisen Sie den späteren Projektleiter oder den Abteilungsleiter darauf hin, das gekennzeichnete Thema innerhalb der Firma zu kommunizieren.

Dringend, aber sekundär
Nicht alle Erkenntnisse aus einem Workshop können und werden in die Umsetzung fließen. Das ist völlig normal, sonst wären alle damit beschäftigt, nur noch Aufgaben aus dem Workshop zu bearbeiten. Themen, die zweitrangig, aber wichtig sind, dürfen jedoch nicht verlorengehen, sie werden nur zu einem späteren Zeitpunkt angegangen.

Abteilungsübergreifend
Manchmal brauchen Sie das Wissen von Kollegen aus anderen Abteilungen oder Fachbereichen. Markieren Sie sich die entsprechenden Stellen und schreiben Sie gleich dazu, um welchen Bereich es sich handelt.

Denkumleitung
Um Menschen zum Andersdenken anzuregen, nutzen Sie eine Denkumleitung. Sie gibt das Zeichen, dass in alle Richtungen gedacht werden soll, nur nicht in diejenige, die allen bekannt ist und die ständig angewandt wird.

Sie können im Lauf der Zeit eigene Buttons entwickeln und die Liste nach und nach weiter ausbauen. Die hier genannten sollen als Orientierungshilfe dienen. Probieren Sie diese Vorgehensweise aus und Sie werden sehen, dass eine unsortierte Themensammlung mit Buttons sofort Struktur bekommt, dass Sie schneller auf einen Blick erkennen, wo sich Handlungsfelder auftun und was Sie unberücksichtigt lassen können.

Ihre Notizen

_____

_____

_____

_____

_____

Tipps und Tricks für die gelungene Moderation

Sie als Workshop-Leiter übernehmen gleichzeitig die Funktion eines Moderators. Moderatoren kennen wir alle in erster Linie als Entertainer und Informanten, als Sprachrohr und informellen Führer. Sie treten solo, aber immer häufiger auch im Doppelpack, zum Beispiel in den Nachrichten, auf.

Die Nachrichtenmoderatoren leiten uns durch das Programm, präsentieren uns die brandheißen und sensationellen Informationen zuerst, die unwichtigen Mitteilungen stehen an zweiter Stelle. Interessant ist, dass sie als Person dabei dezent in den Hintergrund treten, relevant ist das Thema, das sie aktuell transportieren. Kaum jemand erinnert sich daran, welche Krawatte der Moderator oder welches Kostüm die Moderatorin während der Sendung getragen hat.

So sollte es auch bei Ihnen laufen. Sie als Moderator sind der Sprecher für die Gruppe, jemand, der das Thema präsentiert, Ergebnisse immer wieder zusammenfasst und gemeinsam mit den Teilnehmern filtert. Dabei steuern Sie das Geschehen und leiten die Gruppe an, Sie fördern die Kreativität der Teilnehmer und sorgen dafür, dass deren Ideen in eine Entscheidung oder Lösung münden.

Mit einer guten Moderation sorgen Sie dafür, dass die Teilnehmer Raum für Artikulation haben, dass unterschiedliche Perspektiven einbezogen werden und dass alle in einer angenehmen Atmosphäre arbeiten und sich bewegen können. Dafür stehen zwei wichtige Steuerungsmittel zur Verfügung, die „Verbalen" und die „Nonverbalen", die sich wechselseitig ergänzen. Das verbale Steuerungsmittel, also das gesprochene Wort, wird von den nonverbalen, also Mimik, Gestik, Tonfall und Haltung, begleitet. Achten Sie darauf, dass beide Elemente zu Ihrem Typ passen. Denn nur so wirken Sie authentisch und vermitteln kein aufgesetztes Bild von sich. Für Ihr sicheres Auftreten als Moderator, ohne dass Sie gleich als Superman erscheinen, gelten einige einfache Regeln:

- Seien Sie Vorbild mit Ihrem Verhalten und Ihrem Auftreten und schaffen Sie eine freundliche, entspannte und positive Atmosphäre während des Workshops.

- Lassen Sie sich nicht reizen. Es wird immer wieder Teilnehmer geben, die den Moderator als „Freiwild" betrachten. Bleiben Sie stets ruhig und sachlich.

- Unterbinden Sie persönliche Angriffe oder Beleidigungen, sie haben im Workshop nichts verloren.

- Bewegen Sie sich in dem Raum, in dem Sie arbeiten. Das heißt: Bleiben Sie während der Moderation nicht immer am gleichen Platz stehen. Zu gegebener Zeit können Sie sich auch mitten in die Gruppe setzen. Achten Sie dabei aber immer auf eine gewisse Distanznähe, das heißt, Sie integrieren sich in die Gruppe, bleiben aber trotzdem außen vor und lassen sich nicht von einzelnen Teilnehmern zu persönlich einbeziehen.

- Orientieren Sie sich an Ihrem Moderationsleitfaden, den Sie vorbereitet haben. Das hilft Ihnen, die richtigen Worte zur richtigen Zeit zu finden und den Tag systematisch zu gestalten.

- Verwenden Sie eine einfache Sprache und benutzen Sie möglichst wenige Fremdwörter. Das ist vor allem dann wichtig, wenn die Teilnehmer aus verschiedenen sozialen Schichten stammen und einen unterschiedlichen Bildungsstand aufweisen.

- Wenn Sie an einer Pinnwand oder einer Projektionsfläche stehen, sprechen Sie immer zur Gruppe hin. Sie wollen ja die volle Aufmerksamkeit der Teilnehmer.

- Selbst der erfahrenste Moderator ist zu Beginn ein wenig nervös. Das macht gar nichts, denn es ist menschlich. Stecken Sie aber bitte nicht die Hände in die Hosentaschen. Wenn Sie nicht wissen, wohin damit, nehmen Sie einfach einen Stift, ein Blatt Papier oder etwas Unauffälliges in die Hand, ohne jedoch mit dem Gegenstand zu spielen.

- Halten Sie immer Blickkontakt zu den Teilnehmern, damit Sie Stimmungen, Signale, Interessen und Desinteressen sofort spüren und darauf reagieren können.

Wenn Sie eine Gruppenarbeit leiten, achten Sie auf folgende Punkte:

- Leiten Sie jeden neuen Arbeitsabschnitt beziehungsweise jedes neue Thema kurz und prägnant ein. Fassen Sie dann die wichtigsten Aspekte zusammen und verteilen Sie die Aufgaben.

- Die Aufgabe samt Zielen schreiben Sie danach auf ein Chart, das Sie gut sichtbar im Raum aufhängen.

- Strukturieren Sie die Themen und Ergebnisse in Unterthemen oder Teilergebnisse und holen Sie sich das Einverständnis der Gruppe, dass Sie gemeinsam so vorgehen werden.

- Achten Sie bei der Gruppenarbeit darauf, dass jeder jeden sehen kann und Sie selbst mitten im Geschehen sind. Damit schaffen Sie eine gleiche Ausgangsbasis für alle.

Generell gelten folgende Regeln im Verlauf des Workshops:

- Richten Sie Ihre Fragen immer an die Gruppe. Wenden Sie sich nur dann an einzelne Personen, wenn ein Teilnehmer sich meldet oder Sie jemanden zu einer Wortmeldung anregen möchten.

- Fragen, die Ihnen gestellt werden, leiten Sie wieder in die Gruppe zurück. Handelt es sich um fachliche Fragen, die Sie nicht beantworten können, ziehen Sie später einen Experten hinzu und kümmern sich darum, dass die offenen Themen auf jeden Fall abgeschlossen werden, notfalls in der Nachbearbeitung.

- Achten Sie darauf, dass immer nur ein Teilnehmer spricht und die Redezeit begrenzt wird, sodass jeder mal zu Wort kommt. Störende Seitengespräche sollten auf jeden Fall vermieden werden.

- Bringen Sie die Teilnehmer zur gegebenen Zeit immer wieder zum Nachdenken, streuen Sie fördernde Fragen ein und nutzen Sie das Wissens- und Erfahrungspotenzial einzelner Teilnehmer.

- Achten Sie darauf, dass die Spielregeln für die Arbeitstage eingehalten werden. Es gibt keinen Sieger und keinen Besiegten, sondern nur ein gemeinsames Ergebnis, für das alle zusammen verantwortlich sind und die Lorbeeren ernten.

- Fassen Sie immer wieder die Zwischenergebnisse zusammen und schreiben Sie sie auf. Wenn Sie das Gefühl haben, dass der richtige Zeitpunkt gekommen ist, lassen Sie sich das Commitment der Teilnehmer durch deren Unterschriften bestätigen – auch mehrmals.

Sie als Moderator haben großen Einfluss darauf, dass der Workshop durch ein ausgewogenes, gutes Miteinander gekennzeichnet ist. Fördern und steuern Sie dies mit den folgenden Instrumenten:

- Leiten Sie die Teilnehmer an, in der Ich-Form zu sprechen. Vermeiden Sie Konjunktive wie „Man könnte …" oder „Wir sollten …". Diese Formulierungen entpersonifizieren das Thema und verhindern die individuelle Verantwortung. Ich-Formulierungen hingegen verpflichten.

- Richten Sie Fragen immer an alle Teilnehmer und achten Sie darauf, wer etwas dazu beisteuern kann.

- Respektieren Sie es, wenn jemand zu einem bestimmten Thema nichts sagen will.

- Unterbrechen Sie nicht, wenn jemand spricht. Wenn er fertig ist, fragen Sie in der Gruppe nach, ob noch ein anderer Teilnehmer etwas beisteuern möchte.

- Achten Sie darauf, dass kein Konkurrenzkampf während der Workshop-Tage entsteht, alle arbeiten gemeinsam an einem Ergebnis.

- Akzeptieren und tolerieren Sie jeden Teilnehmer so, wie er ist. Das gilt auch, wenn Sie mit dem einen oder anderen vielleicht im Privatleben oder außerhalb des Workshops nicht klarkommen würden.

- Werten, kritisieren oder tadeln Sie nicht. Sie als Moderator müssen neutral bleiben, das ist Ihre Rolle.

- Leiten Sie Diskussionsrunden sachlich, neutral und mit Ruhe. Achten Sie dabei auf das Zeitfenster, das Sie für die Diskussion eingeplant haben. Entfernen sich die Teilnehmer vom Thema, holen Sie sie wieder zurück und lenken das Gespräch in die richtige Richtung. Vergessen Sie nicht, sich die wichtigsten Punkte aus der Diskussion zu notieren. Sie brauchen diese Notizen, um weiterzuarbeiten oder um einzelne Aspekte nicht zu vergessen, die Sie in die Ergebnisse einfließen lassen wollen.

- Neutralisieren Sie aggressive Fragen aus den Teilnehmerreihen, indem Sie sie in eine sachliche, freundliche Formulierung bringen und so wiederholen.

- Kommt eine Gruppe ins Stocken oder geht nichts vorwärts, dann dürfen Sie durch gezielte Fragen nachsetzen und provozieren, um wieder Schwung ins Thema zu bringen.

- Ziehen Sie sich zu gegebener Zeit aus der Gruppe zurück und lassen Sie die Teilnehmer alleine arbeiten. Ideal sind dafür Gruppenarbeiten, die eine gewisse Zeit brauchen. Damit verschaffen Sie sich selbst ein wenig Freiraum und eine Verschnaufpause. Für Fragen sollten Sie natürlich zur Verfügung stehen, Sie können auch in regelmäßigen Abständen eine Runde machen und alle Gruppen fragen, ob sie klarkommen oder Unterstützung brauchen.

Sollte es doch einmal nicht rund laufen und stören einzelne Teilnehmer aus der Gruppe die Arbeit im Workshop, helfen Ihnen die folgenden Vorgehensweisen, um dem entgegenzuwirken:

- Bleiben Sie selbst bei aggressivem Verhalten Ihnen gegenüber ruhig und sachlich. Lassen Sie sich nicht provozieren, manch einer legt es nur darauf an. Sprechen Sie die betreffende Person direkt an und fragen Sie nach dem Grad ihrer Motivation und warum sie unbedingt stören will. Vereinbaren Sie einen „Waffenstillstand" für die Zeit während des Arbeitens und verlegen Sie die Diskussion der Ursache auf einen späteren Zeitpunkt, zum Beispiel in die Pause oder auf das Mittagessen.

- Übt ein Teilnehmer Kritik, die Sie nicht teilen, geben Sie diese an die Gruppe weiter. Fragen Sie nach, ob die Teilnehmer auch dieser Meinung sind oder nicht. Agieren und reagieren Sie entsprechend und leiten Sie die Diskussion zu diesem Thema.

- Läuft das Geschehen aus dem Ruder, äußern Sie Ihren Unmut. Bleiben Sie auch dabei sachlich und ruhig, aber sprechen Sie an, dass Ihnen der Ton nicht gefällt, in dem miteinander umgegangen wird, oder die Haltung, die sich gerade einzuschleichen droht.

- Haben Sie Störer, Tuschler oder Dauerredner in der Runde, sollten Sie den jeweiligen Teilnehmer direkt und persönlich ansprechen. Fragen Sie ihn, ob Sie ihn unterbrechen dürfen und ob er zum Thema etwas beitragen möchte, das sicher alle interessiert.

- Reagiert ein Teilnehmer mit sogenannten Killerphrasen oder Pauschalisierungen auf offene Fragen, diskutieren Sie diese und fordern Sie dazu Antworten.

- Legen Sie eine Pause ein, wenn alle Ihre Bemühungen, die Gruppe unter Kontrolle zu halten, nicht fruchten. Manchmal wird auch einfach mit Stören oder Unruhe eine aktuelle Konzentrationsschwäche kompensiert.

Kreativitätstechniken und ihre Einsatzgebiete

Das Handwerkszeug eines Moderators, Trainers oder Workshop-Leiters ist entscheidend für den Erfolg. Er muss genau wissen, wann er welche Methoden wo einsetzt und wie er sie steuert. Es gibt eine ganze Reihe von Kreativitätstechniken, die wichtigsten führe ich hier auf, da sie sich im Lauf der Zeit bewährt haben.

Um zu spinnen, querzudenken und eine Fülle an Ideen, Gedanken und Impulsen zu sammeln, bedienen Sie sich folgender Techniken:

- Brainstorming

- Mindmapping

- Rollenspiel

- Synektik

- Bionik

- Analogietechnik

- Perspektivenwechsel

- 6-3-5

- Kartenabfrage

Brauchen Sie hingegen eine systematische Vorgehensweise, die immer auf eine chaotische folgen muss, verwenden Sie folgende Techniken:

- Fragenkaskade

- Progressive Abstraktion

- Reizwortanalyse

- Morphologische Analyse

- Clustern

Ihnen ist sicher klar, dass sich diese Liste beliebig verlängern ließe. Da es bereits umfangreiche Literatur zu den Methoden gibt, werde ich hier nicht auf Details eingehen. Ich empfehle Ihnen an dieser Stelle zwei Titel; einer ist von Nicolai Andler: „Tools für Projektmanagement, Workshops und Consulting" (Erlangen 2007). Das andere heißt „Kreativitätstechniken" und ist von Jiri Scherer (Heidesheim 2007). Und noch einmal sei gesagt: Weniger ist mehr. Wenden Sie lieber nur wenige Methoden an, dafür aber genau die richtigen für Ihre aktuelle Aufgabenstellung. Natürlich habe auch ich meine Favoriten. Einige davon möchte ich Ihnen kurz vorstellen, da sie für viele unterschiedliche Themen geeignet sind und während eines Workshops auch mehrmals eingesetzt werden können.

Blitzlicht

Das Blitzlicht ist eine Momentaufnahme, eine Abfrage der augenblicklichen Stimmungslage, des Projektstands oder der Ergebnisprüfung. Alles, was hier zur Sprache kommt, muss in das daraus resultierende Ergebnis einbezogen werden. Die Teilnehmer sprechen hier aus ihrer persönlichen Sicht heraus.

Kartenabfrage

Mit der Kartenabfrage erarbeiten Sie eine breite Palette von Gedanken und Aspekten, die beim Sammeln erst noch unbewertet bleibt. Hier fließt alles ein, was den Teilnehmern einfällt, jeder Punkt muss notiert werden, selbst wenn er noch so abstrus erscheint. Die Kartenabfrage kann zum Beispiel als Basis dafür dienen, an Einzelthemen weiterzuarbeiten. Die Karten lassen sich aber ebenso nach dem Clustern (sortieren und strukturieren) neu mischen oder dazu einsetzen, verschiedene Themen miteinander in Verbindung zu bringen.

Zuruf-Verfahren

Hier rufen die Teilnehmer dem Moderator ihre Anmerkungen zu einem relevanten Thema zu. Er notiert diese zunächst und sortiert sie später. Das Zuruf-Verfahren ist eine Möglichkeit, um schnell einen Einstieg in ein Thema oder eine Problematik zu finden.

Themenspeicher

Während eines Workshops sammeln sich sehr viele Punkte, die nicht alle abgearbeitet werden können. Das hat meistens zeitliche Gründe, oder ein Thema ist zwar relevant, passt aber nicht in die aktuelle Aufgabenstellung. Damit es nicht verlorengeht, legen Sie einen Themenspeicher an. Hier werden die Punkte zwischengelagert, um zu einem späteren Zeitpunkt wiederaufgenommen zu werden.

Fragenspeicher

Analog zum Themenspeicher gibt es einen Fragenspeicher. Oft ist es innerhalb eines Workshop-Abschnitts nicht möglich, alle Fragen zu beantworten. Entweder passt eine Frage gerade nicht in die Thematik oder Sie müssen einen Experten hinzuziehen. Kümmern Sie sich auf jeden Fall darum, denn dem Fragensteller ist es ein Bedürfnis, Antworten zu bekommen.

Ideenspeicher

Darin sammeln Sie alle Ideen, die während des Workshops auftauchen, aber nicht weiterbearbeitet werden können. Nutzen Sie den Ideenspeicher ganz aktiv in der Nachbereitungsphase und in der Umsetzungsphase. Sie können versuchen, immer wieder Ideen mit anderen zu kombinieren und auf diese Weise neue Ansätze zu finden.

Punkten und Clustern

Viele gesammelte Stichpunkte verlangen nach einem System oder einer hierarchischen Struktur. Beim Punkten und Clustern leitet der Moderator die Teilnehmer an, die Fülle der Anmerkungen zu reduzieren. Dazu verteilt er an jeden Teilnehmer drei Klebepunkte, mit der Aufgabe, dass jeder die Themen, die er für die wichtigsten hält, kennzeichnet. Höchste Priorität bekommen dabei die akuten Ansätze, die sofort bearbeitet werden.

Wann Sie den Ergebnispfad verlassen dürfen

Während eines Workshops arbeiten Sie ganz konzentriert entsprechend der Aufgaben und der Zieldefinition. Dabei handelt es sich um einen linearen Prozess, bei dem die Schritte aufeinander aufbauen. Ausritte in andere Gefilde sind normalerweise nicht erlaubt; schweift die Gruppe vom Thema ab, ist es Ihre Aufgabe, sie wieder zum aktuellen Inhalt zurückzuholen. Hin und wieder aber sind solche Abweichungen notwendig, um weiterzukommen. Planen Sie dafür bereits in der Vorbereitungsphase Pufferzeiten ein, denn es kommt in jedem Workshop der Moment, in dem Sie diese brauchen und die Abschweifungen zulassen müssen.

Meist kommen die Randthemen oder neue Aspekte in den Pausenzeiten zur Sprache. Bleibt die Gruppe dabei zusammen oder bilden sich kleine Diskussionsrunden, ist das ein Indiz dafür, dass ein Entwicklungsprozess stattfindet. Wenn Sie merken, dass es einen Punkt gibt, der den Teilnehmern wichtig ist, der Relevanz für und Einfluss auf das Ergebnis hat, ohne zunächst in den Vordergrund zu treten, greifen Sie ihn nach der Pause ruhig auf. Geben Sie sich und der Gruppe Extrazeit, um dieses Thema noch einmal gemeinsam zu durchdenken. Fassen Sie die Erkenntnisse am Ende der Diskussion zusammen und behalten Sie sie im Hinterkopf, damit Sie sie später in das Gesamtergebnis einfließen lassen können.

Ihre Notizen

Wie Sie die Emotionen der Teilnehmer auf- und einfangen

Als Workshop-Leiter sind Sie überdurchschnittlich gefordert, Ihr Adrenalinspiegel bewegt sich am Limit. Zum einen müssen Sie darauf achten, dass keine Inhalte verlorengehen, zum anderen müssen Sie die Teilnehmer anleiten, Ergebnisse zu schaffen, und gleichzeitig ein Gefühl für Stimmungen, Emotionen und den Spirit der Gruppe haben. Im allerschlimmsten Fall haben Sie einen schlechten Tag, wenn eine Veranstaltung stattfindet, was nur allzu menschlich ist, und dann sollen Sie vielleicht auch noch Menschen für ein Thema gewinnen, das Sie nicht unbedingt begeistert.

Stimmungsschwankungen

Doch was können Sie tun, wenn die Stimmung schwankt, wenn die Gruppe sich in Diskussionen ergeht, Kompetenzen angezweifelt oder persönliche Animositäten sichtbar werden oder einfach keiner Lust auf das Thema hat, weil der Workshop eine Pflichtveranstaltung ist? Zugegeben stellt das eine Herausforderung dar, die Sie aber mit der richtigen Vorgehensweise sicher meistern. Ist die Stimmung in Schräglage geraten, sprechen Sie das ruhig und sachlich an, verwenden Sie Formulierungen wie „Ich habe das Gefühl, dass sich hier gerade eine Meinungsverschiedenheit aufbaut …" oder „Mir gefällt der Ton nicht, in dem Sie gerade miteinander sprechen …".

Denken Sie daran, dass es dabei fast immer um Akzeptanz und einander zuhören geht, meist fühlt sich eine Partei unverstanden. Nehmen Sie hier die Vermittlerrolle ein und versuchen Sie, die Auseinandersetzung auf eine ruhige und sachliche Ebene zu bringen. Führen Sie die Diskussionspartner wieder zum Thema zurück, denn häufig fühlt sich mindestens einer der Beteiligten persönlich angegriffen. Achten Sie darauf, dass Sie unparteiisch bleiben, denn wenn Sie eine der beiden Positionen einnehmen, verhalten Sie sich unprofessionell und wirken voreingenommen.

Aus der Vergangenheit lernen

Haben Sie während eines Workshops das Gefühl, dass sich die Gruppe nicht mehr mit dem Thema identifizieren kann oder vielleicht gar keine Begeisterung dafür entwickelt, Sie aber das mit dem Auftraggeber vereinbarte Ziel erreichen müssen, stehen Ihnen mehrere Möglichkeiten offen: Zunächst sollten Sie herausfinden, warum keine Identifikation stattfindet. Das tun Sie am besten in einem gemeinsamen Gespräch. Wenn in der Vergangenheit schon einmal Workshops zu dieser Thematik stattgefunden haben und nichts dabei herausgekommen ist, entwickeln Sie gemeinsam ein Zukunftsszenario. Lassen Sie das Bild entstehen, wie die Aufgabe im Workshop optimal gelöst und danach umgesetzt wurde. Welche Möglichkeiten würde das für jeden Einzelnen eröffnen und was hätte das Unternehmen davon? So schaffen Sie es, dass eine positive Haltung gegenüber der Thematik entsteht. Denken Sie gemeinsam darüber nach, welche Handlungsschritte zum Zukunftsszenario führen. Was muss jeder Einzelne wie tun, um genau diese optimale Lösung zu erreichen?

Versuchen Sie, auch die Gründe für das Scheitern in der Vergangenheit herauszufinden. Warum hat die Umsetzung nach den vergangenen Workshops nicht geklappt? Wieso wurde kein für alle zufriedenstellendes Ergebnis erreicht? Die Erkenntnisse können Sie in das neue Szenario mit einfließen lassen und die Teilnehmer dahingehend einstimmen. Verpflichten Sie jeden Einzelnen, sprechen Sie an, dass das Vorhaben nur gelingen kann, wenn jeder seinen Beitrag dazu leistet, am Ende des Workshops und darüber hinaus zur besten Lösung zu kommen.

Vielleicht ist auch das vom Auftraggeber vorgegebene Arbeitsfeld und Ziel bei den Teilnehmern kein Thema, da sie diese Aufgabe bereits intern umgesetzt haben. Sie denken, dass es so etwas nicht gibt? Das ist ein Irrtum. Häufig ist mangelnde Kommunikation untereinander und fehlender Einblick in eine Abteilung der Grund dafür. Oder die Betreffenden haben sich bereits intern um das Thema gekümmert, wollen dies aber erst kommunizieren, wenn die Umsetzung perfekt ist. Dann müssen Sie als Workshop-Leiter eine Kursänderung vornehmen. Bevor Sie sich für eine bestimmte Richtung entscheiden, lassen Sie sich die bereits erarbeiteten Ergebnisse und Vorgehensweisen erklären und prüfen Sie die Ergebnisse daraufhin, ob sie mit Ihren Zielvorgaben für den Workshop übereinstimmen.

In solchen Fällen müssen Sie nicht krampfhaft ein neues Thema suchen, denn wenn Sie genau hinhören, ergeben sich die Inhalte ganz von selbst. Meist sind noch Ansatzpunkte zu bearbeiten, die nicht bis zum Ende durchdacht wurden, oder für eine Lösung müssen noch Ideen zur Umsetzung gefunden werden. Oder in der Diskussion entwickelt sich eine komplett neue Lösung, die so bisher noch gar nicht berücksichtigt wurde. Die Teilnehmer werden Ihnen genügend Arbeitsfelder liefern, Sie müssen sie nur aufgreifen und mit allen gemeinsam daran weiterarbeiten. Wenn Sie die Möglichkeit haben, dem Auftraggeber dies mitzuteilen und sich mit ihm kurzfristig abzustimmen, tun Sie das. Falls nicht, sprechen Sie unbedingt sofort nach dem Workshop mit ihm darüber.

Blick in die Zukunft

Wenn Sie einen Workshop mit Langzeitthemen leiten, machen Sie sich gemeinsam mit den Teilnehmern darüber Gedanken, wie sich die Gruppe selbst langfristig für das Thema begeistern und es am Laufen halten kann. Diese Frage ist für alle Teilnehmer wichtig, denn in jedem Projekt tritt früher oder später eine Phase auf, in der keiner mehr ganz von der Sache überzeugt ist. Je bewusster sich die Beteiligten dieser Problematik sind, desto gezielter kann die Gruppe ihr entgegenwirken. Dafür ist der „Brief an die Zukunft" sicher ein hilfreiches Instrument. Dabei schreibt jeder Teilnehmer je einen Brief mit den Zielen, die er einen, drei oder sechs Monate nach dem Workshop erreicht haben will, an sich selbst, um sie zur entsprechenden Zeit zugestellt zu bekommen. Dies wird aber nicht genügen, um neuen Schub in das Vorhaben zu bringen.

Entwickeln Sie daher gemeinsam Maßnahmen zur Motivation, die die Teilnehmer für sich selbst anwenden können. Planen Sie zum Beispiel regelmäßig Themenstammtische ein, zu denen Sie sich als Gast einladen lassen. Schließlich hat jeder Einzelne in der Gruppe das gleiche Bedürfnis. Alle wollen sich austauschen, sich neue Impulse holen oder manchmal einfach nur eine Bestätigung für das bisher Geleistete bekommen. In einigen Fällen möchte man auch nur seinen Unmut loswerden, mit jemandem über eventuelle Schwierigkeiten sprechen. Nicht selten werden in einer entspannten Umgebung außerhalb des Büros neue Lösungen gefunden.

Ihre Notizen

Behalten Sie immer den Stand der Dinge im Blick

Während des gesamten Workshops dürfen Sie niemals das große Ganze aus den Augen verlieren. Dabei helfen Ihnen und auch den Teilnehmern Ihre Notizen. Nutzen Sie den gesamten Tagungsraum, um wichtige Gedanken und Ideen für alle sichtbar aufzuhängen. Erstellen Sie außerdem eine große Übersicht, die während des Workshops wächst. In ihr werden alle Zwischenergebnisse festgehalten, so wird auf einen Blick sichtbar, was schon geschafft und erreicht wurde.

Aktualität

Damit jeweils der aktuelle Stand darauf zu sehen ist, reflektieren Sie in regelmäßigen Abständen über das bisher Erarbeitete. Spiegeln Sie die Erkenntnisse in die Gruppe zurück und fragen Sie nach, ob Sie alles richtig verstanden haben. Das regt auch die Teilnehmer dazu an, noch einmal über die Ergebnisse nachzudenken und sie bei Bedarf zu korrigieren. Damit sichern Sie das Ergebnis ab. Prüfen Sie die einzelnen Punkte mit der Gruppe noch einmal in Hinblick auf die Aufgabenstellung. Stellen Sie sich dazu verschiedene Randbedingungen vor, um abzuschätzen, ob das Ergebnis den Anforderungen im Arbeitsalltag standhält. Abgesicherte Ergebnisse stellen motivierende Faktoren in einem Workshop dar, unterschätzen Sie das nicht. Denn sie sind Teilziele, die alle gemeinsam erreicht haben, was für die gemeinsame Sache stark macht.

Arbeit in Kleingruppen

Wenn Sie im Workshop Gruppenarbeit einsetzen, hat das den Vorteil, dass Sie mehrere Einzelthemen parallel bearbeiten lassen können. Geben Sie dabei einer Gruppe die Aufgabe, sich zu einem wichtigen Thema keine Lösungen, sondern negative Aspekte zu überlegen. Dabei sollen Randbedingungen und andere Faktoren gefunden werden, die das gemeinsame Vorhaben zum Scheitern bringen könnten. Die so erarbeiteten Negativszenarien helfen, die Lösungen der anderen Gruppe daraufhin zu prüfen, ob sie tatsächlich umgesetzt werden können.

Wenn die vorgegebene Bearbeitungszeit um ist, präsentiert zuerst die Gruppe ihre Ergebnisse, die Lösungen erarbeitet hat. Danach folgt die Gruppe, die das Projekt mit ihren Erkenntnissen zu Fall bringen kann. Im Anschluss daran diskutieren alle gemeinsam über die unterschiedlichen

Situationen. Dabei werden alle Aspekte gecheckt, um das Risiko des Scheiterns gemeinsam zu minimieren.

Das Besondere an dieser Technik ist, dass alle Teilnehmer durch die Negativbeispiele erfahren, was auf sie zukommen kann. So setzen sie sich mit Situationen auseinander, die in der ersten Euphorie vielleicht sonst nicht bedacht würden. Zudem tritt der Langzeitcharakter des Vorhabens viel stärker zutage.

Auch hier ist es wichtig, dass Sie am Ende das Ergebnis zusammenfassen, am besten in einem knackigen Satz, der sich allen einprägt.

Schließen Sie jede Etappe des Workshops mit der Frage ab, ob die Teilnehmer mit dem Ergebnis zufrieden sind, ob es für jeden verständlich und logisch klingt und ob alle damit weiterarbeiten können. Damit vermeiden Sie spätere Diskussionen oder können schon jetzt Widerstand aus dem Weg räumen, um zu verhindern, dass im fortgeschrittenen Stadium des Workshops unnötig viel Zeit durch Unstimmigkeiten verlorengeht.

Ihre Notizen

So steigern Sie den Spaß- und Erlebnisfaktor im Workshop

Workshops sollen Spaß machen, bei den Teilnehmern lange in Erinnerung bleiben und ein positives Gefühl zum jeweiligen Thema vermitteln. Bauen Sie deshalb in jede Aufgabe spielerische Elemente ein, schaffen Sie Ausgleichsaktivitäten, die den Teilnehmern Spaß machen und an denen sie aktiv beteiligt sind. Besonders interessant ist es, wenn Sie diese

Elemente passend zur Workshop-Aufgabe aufbauen. Damit aktivieren Sie die Gehirne der Teilnehmer auf spielerische Art, und der Lerneffekt ist wesentlich höher.

Workshop-Aufgabe 1: Die Entwicklung neuer Produkt- oder Dienstleistungsideen

Bei dieser Aufgabe geht es um Innovatives und Zukunftsweisendes, um Visionen und Erfindungen. Schlüpfen Sie dazu in die Rolle eines Produktdesigners oder zum Beispiel von Leonardo da Vinci. Versetzen Sie sich in diese Person hinein: Wie würde sie vorgehen? Was würde sie machen? Wie würde sie diese Sache angehen?

Spiel A: Erfinden eines neuen Produkts, zum Beispiel des Büros 2020 mit einem mobilen Rechner

Aufgabe	Definieren Sie alle notwendigen Attribute, die dieser Rechner haben soll. Dazu berücksichtigen Sie, wie der Mensch 2020 arbeiten, wie sein persönliches Umfeld aussehen, welche Bedürfnisse er haben wird. Gestalten Sie mithilfe formbarer Masse und den Farben das mobile Büro 2020.
Material	Keramikmasse (erhalten Sie in jedem gut sortierten Künstlerbedarf) Farben, Papier, Stifte
Zeitaufwand	Etwa zwei Stunden

Etwas mit den Händen zu schaffen hat per se einen sehr beruhigenden Effekt. Es schärft die Sinne und macht einfach Spaß.

Spiel B: Entwicklung des Kaufhauses der Zukunft

Aufgabe	Im Einzelhandel ist ein wesentlicher Teil der Dienstleistung zu Hause. Wie können wir den Service an Kunden in einer Technikabteilung (Multimedia, TV, Video) verbessern? Wo können wir den Kunden besser als bisher bedienen? Was können wir den Einkaufenden bieten, das Shopping zu einem Erlebnis macht? Beschreiben Sie die besonderen Aspekte des Erlebnisshoppings und entwickeln Sie dazu neue Dienstleistungen.
Material	Farbiges und weißes Papier, Papierrollen, Farben, Stifte, Lineale, Scheren, Kleber
Zusätzlich	Falls ein entsprechendes Technikcenter in der Nähe ist, gehen Sie in dieses Geschäft und führen gemeinsam eine Feldstudie durch.
Zeitaufwand	Etwa zwei Stunden

Wenn es um den Themenbereich Service oder Dienstleistungen geht, kann jeder von uns auf einschlägige Erfahrungen mit Verkäufern zurückgreifen. Nutzen Sie dieses im Alltag erworbene Wissen und machen Sie es für Ihr Unternehmen besser. Manchmal lohnt es sich auch, sich in fremden Branchen umzusehen, vielleicht kann hier so einiges auf die eigene Firma übertragen werden.

Workshop-Aufgabe 2: Lösungen für immer wiederkehrende Problematiken in bestehenden Prozessen

Vor allem in Produktionsbetrieben sind viele Prozesse automatisiert und reglementiert. Die Mitarbeiter machen 4.000-mal am Tag den gleichen Handgriff und können daher aus gutem Grund am Ende des Tages nicht mehr sagen, ob sich ein Fehler eingeschlichen hat oder etwas anders gelaufen ist als sonst. Das liegt daran, dass sich der Kopf nach einer bestimmten Zeit einfach abschaltet, sich auf etwas ganz anderes konzentriert, zum Beispiel auf die Freizeitaktivität am Abend oder auf den schon geplanten nächsten Wochenendausflug.

Spiel A: Und täglich grüßt das Murmeltier …

Aufgabe	Finden Sie Möglichkeiten, um einen laufenden Prozess so zu gestalten, dass die Aufmerksamkeit der im Prozess arbeitenden Menschen immer wieder aufs Neue geschärft wird.
Material	Farbiges und weißes Papier, Farben, Stifte, Lineale, Scheren, Kleber
Zusätzlich	Falls alle Teilnehmer aus einem Unternehmen stammen, versuchen Sie, diesen Prozess im Tagungsraum zu simulieren oder organisieren Sie vorab, dass es möglich ist, in der realen Umgebung mindestens eine Stunde unter den beschriebenen Bedingungen zu arbeiten.
Zeitaufwand	Etwa 3 Stunden

Spiel B: Suchbilder

Aufgabe	Finden Sie den Fehler.
Material	Vorbereitete Wort- und Zahlenreihen oder geometrische Formen, in denen mindestens ein Punkt nicht passt. Hierfür können Sie Visualisierungsbeispiele aus diversen Intelligenztests zu Hilfe nehmen. Steigern Sie die Schwierigkeitsgrade, indem Sie die Reihen länger werden lassen und immer mehr Fehler verstecken.
Zeitaufwand	Etwa eine halbe Stunde

In diesem Spiel geht es um Bewusstseinsbildung und das Schärfen der Sinne. Halten Sie dieses Spiel möglichst kurz und geben Sie einen festen Zeitrahmen zum Lösen vor.

Workshop-Aufgabe 3: Strategische Planungen und Zielvereinbarungen

Strategiespiele fordern komplexes Denken in alle Richtungen. Hier müssen Sie sich auf mehreren Ebenen in eine Situation hineinversetzen und die beste Lösung finden.

Spiel A: Boxenstopp im Supermarkt

Aufgabe	Entwerfen Sie einen Supermarkt, der es dem Kunden ermöglicht, zehn Minuten vor Ladenschluss einen kompletten Wochenendeinkauf zu erledigen, ohne dass er etwas vergisst. Außerdem muss er mindestens drei Artikel kaufen, die er eigentlich nicht braucht.
Material	Farbiges und weißes Papier, Papierrollen, Farben, Stifte, Lineale, Scheren, Kleber
Vorbereitung	Grundriss für einen Supermarkt: Kassen, Regale, Sonderflächen als vorbereitete farbige Papierelemente
Zeitaufwand	Etwa eine Stunde

Diese Aufgabe ist deshalb besonders reizvoll, weil Sie sich in die Rolle des Einkaufenden versetzen müssen. Aus dieser Perspektive werden Sie die Produkte am besten so anordnen, dass der Kunde nicht fünfmal an allen Regalen entlanglaufen muss.

Spiel B: 10.000 Euro für eine wohltätige Aktion

Aufgabe	Sammeln Sie innerhalb von vier Wochen 10.000 Euro für eine wohltätige Aktion. Entwickeln Sie dazu eine Strategie und planen Sie Ihre Aktionen mit den zugehörigen Kosten-und-Nutzen-Rechnungen.
Material	Papier, Papierrollen, alte Zeitschriften, Farben, Stifte, Lineale, Scheren, Kleber
Zeitaufwand	Etwa eine Stunde

In dieser Aufgabe geht es darum, möglichst kreative Ideen in einem bestimmten Zeitrahmen zu skizzieren. Jede der vorgeschlagenen Aktionen muss durchführbar sein und sollte das Unternehmen möglichst wenig Geld kosten.

Workshop-Aufgabe 4: Teamentwicklung und Teampflege

Da es für diesen Aufgabenbereich so viele Spiele gibt, finden Sie lediglich eine kurze Liste der Möglichkeiten, aus der Sie auswählen können. Daran erkennen Sie auch gleich, welche Aktivitäten außerdem infrage kommen.

- Spinnennetz
- Brücken bauen
- Skifahren
- Wasser tragen
- Hochseilgarten

Sport eignet sich für Teams besonders gut, denn dabei muss einer auf den anderen achten und gegebenenfalls unterstützend eingreifen. Hinzu kommt, dass Workshops zur Teamentwicklung meist anstrengend sind, da oft unverarbeitete Themen aufkommen, die emotional belastend sein können. Teamsportarten sind dafür als Ausgleich sehr zu empfehlen.

Workshop-Aufgabe 5: Strategische Neuausrichtungen von Abteilungen oder ganzen Unternehmen

Vor allem wenn es um Strategien und Neuausrichtungen geht, weiß zu Beginn des Workshops niemand, was am Ende herauskommt. In solchen Situationen sind Planspiele geeignet, zum Beispiel das folgende zweistufige, bei dem ein ganzes Unternehmen umgesiedelt werden soll.

Stufe A: Es ist Zeit, umzuziehen

Aufgabe	Siedeln Sie Ihr Unternehmen vom jetzigen Standort nach Afrika um. Worauf müssen Sie sich in einem neuen Land einstellen? Mit welchen Randbedingungen haben Sie zu kämpfen? Wie rekrutieren Sie Ihr Personal?
Material	Papier, Stifte, Scheren, Kleber, Zeitschriften
Vorbereitung	Weltkarte
Zeitaufwand	Etwa zwei Stunden

Stufe B: Vertrieb und Gewinn

Aufgabe	Entwickeln Sie eine Vertriebs- und Verkaufsstrategie, um einerseits Ihre jetzige Zielgruppe zu erreichen und andererseits die Bedürfnisse der örtlichen Zielgruppe abzudecken.
Material	Papier, Stifte, Scheren, Kleber, Zeitschriften
Zeitaufwand	Etwa eine Stunde

In diesem Planspiel kommen so viele unbekannte Faktoren zusammen, dass es eine echte Herausforderung sein wird, diese Aufgabe zu lösen.

Workshop-Aufgabe 6: Budget- und Ressourcenplanung

Budget- und Ressourcenplanung ist meist ein vergleichsweise trockener Stoff. Sie haben Ausgangsgrößen, mit denen Sie arbeiten müssen, und damit einen Rahmen, aus dem Sie kaum ausbrechen können. Versuchen Sie dieses Thema zu emotionalisieren.

Spiel A: Landesweite Autovermietung

Aufgabe	Jeder Teilnehmer bekommt fünf Spielzeugautos und muss mit seinen Kollegen ein System aufstellen, mit dem garantiert wird, dass jeder zu jeder Zeit mindestens ein Fahrzeug im Fuhrpark hat. Dabei gilt zu berücksichtigen, dass es One-Way-Fahrten gibt und die Leerzeiten der Fahrzeuge mit einem bestimmten Geldbetrag der jeweiligen Autovermietungsstelle angelastet werden.
Material	Spielzeugautos, Papier, Stifte
Vorbereitung	Deutschlandkarte mit den entsprechenden Filialen
Zeitaufwand	Etwa zwei Stunden

Diese Aufgabe ist deshalb besonders interessant, weil Sie niemals planen können, wer zu welcher Zeit mit welchem Anliegen an die Autovermietung herantritt.

Spiel B: Die ideale Stadt

Aufgabe	Die Teilnehmer haben die Aufgabe, eine ideale Stadt mitten ins Nichts zu bauen. Hier muss alles berücksichtigt werden, von der energetischen Versorgung bis hin zum Bildungssystem, der Infrastruktur und der Verkehrsplanung.
Material	Papier, Papierrollen, alte Zeitschriften, Farben, Stifte, Lineale, Scheren, Kleber
Zeitaufwand	Etwa drei Stunden

Hier geht es darum, möglichst komplex zu denken, alle Eventualitäten zu berücksichtigen und eine komplett autarke und funktionierende Stadt zu entwickeln. Spannend bei dieser Aufgabenstellung ist, wie sich die Gruppe organisiert, um die Komplexität zu bewältigen.

Setzen Sie Medien gezielt ein

Den Medieneinsatz in einem Workshop dürfen Sie nicht dem Zufall über-lassen. Berücksichtigen Sie daher schon bei Ihrer Planung die Vor- und Nachteile jedes Mediums und stimmen Sie Ihre Auswahl sorgfältig auf Ihre Methoden ab. Einen guten Mix der Medien zusammenzustellen ist auch Teil der Dramaturgie für den Workshop. Wenn Sie unterschiedliche Medien nutzen, ohne dass deren Einsatz aufdringlich wirkt, werden sich die Teilnehmer umso wohler fühlen und wacher bleiben. Zu unterscheiden sind folgende Arten von Medien:

- Auditive Medien, zum Beispiel CDs oder Tonbänder
- Visuelle Medien, zum Beispiel Beamer, Pinnwände, Tafel, Flipcharts oder Folien
- Audiovisuelle Medien, zum Beispiel Videos oder DVDs

Wie Medien wirken

Wie gut ein Mensch die Inhalte jeweils aufnehmen kann, ist bei den ver-schiedenen Medien sehr unterschiedlich. Bei rein auditiven Medien wird von rund 25 Prozent ausgegangen, die Teilnehmer behalten also lediglich ein Viertel des Gehörten. Bei den rein visuellen Medien sind es circa 35 Prozent. Das beste Ergebnis erreichen Sie mit audiovisuellen Medien, hier liegt der Wert bei rund 70 Prozent. Natürlich wirkt entscheidend mit, wie viel Spannung in einem Vortrag liegt, wie gut Bilder sprechen oder wie der Sprecher seine Arbeit gemacht hat.

Grundsätzlich gilt bei allen Arten von Medien: Weniger ist mehr. Erstel-len Sie Folien oder Charts daher mit wenigen, dafür aber einprägsamen Wörtern. Achten Sie bei Filmen darauf, dass emotionale Bilder enthalten sind, die die Teilnehmer mit dem gesprochenen Wort assoziieren, sodass sie die Inhalte auf diese Weise verankern können.

Krimis erzählen

Um zu erreichen, dass ein auditives Medium mehr als 25 Prozent Ein-druck hinterlässt, versuchen Sie den Inhalt, den Sie transportieren wollen, in Form eines Krimis zu erzählen. Nahezu jede Problematik lässt sich gut in diese Form bringen. Halten Sie die Story kurz, drei Minuten sollten aus-reichen, um das Problem zu schildern. Wenn Sie später an den damit ver-bundenen Aufgaben arbeiten, lassen Sie die Teilnehmer in die Rolle der

Detektive und Ermittler schlüpfen – und schon werden sie mit einer anderen Sorgfalt an die Sache herangehen.

Lebendige Charts

Wenn Sie Bilder als Beamercharts präsentieren, bedenken Sie, dass es währenddessen dunkel ist. Je dunkler der Raum, desto größer die Gefahr, dass sich die Teilnehmer auf eine Erholungsposition zurückziehen und nach zwei Minuten keinen Blick mehr für Ihre Charts haben. Um dies zu vermeiden, gestalten Sie die Charts lebendig. Verwenden Sie immer nur wenige Wörter, dafür aber mehr Bilder, zu denen Sie Geschichten erzählen. Je mehr sich der Betrachter mit der Kombination aus Wort und Bild identifizieren kann, desto höher ist die Wahrscheinlichkeit, dass er mehr als 70 Prozent des Gehörten und Gesehenen aufnimmt.

Der Vorteil dieser Vorgehensweise ist, dass Sie Ihre Präsentation schon in der Vorbereitungsphase erstellen können und während des Workshops ein Tool haben, auf das Sie zurückgreifen können. Der Nachteil ist, dass sich das Gesehene mit dem Gehörten nicht so stark festigt, wenn mehrere Bilder aufeinanderfolgen.

Pinnwände und Karten

Diese Kombination eignet sich besonders gut für schnelle Brainstormings und Zurufthemen. Wichtig ist, dass der Schreiber deutlich und in großen Druckbuchstaben schreibt und dass die Karten möglichst schnell an der Pinnwand zu sehen sind. Wenden Sie einen kleinen Trick an, um das Tempo zu beschleunigen: Lassen Sie eine Stopp- oder Sanduhr laufen, um die Zeit zu begrenzen, in der die Teilnehmer eine gewisse Anzahl an Beiträgen gesammelt haben müssen. Unter Umständen brauchen Sie dann zwei Schreiber, damit nichts verlorengeht. Sie als Moderator aktivieren die Gruppe immer wieder, geben neue Denkanstöße und lenken sie. Mit dieser Methode sorgen Sie dafür, dass Sie schnell Ergebnisse erzielen, Sie halten die Teilnehmer auf Trab und damit geistig wach.

Flipcharts

Flipcharts eignen sich sehr gut dazu, Informationen zu sammeln und weiterzuentwickeln. Der Nachteil bei Flipcharts ist, dass sie wenig Flexibilität ermöglichen. Sie können hier nicht – wie bei den Karten – schnell ein Detail herauslösen und an anderer Stelle einfügen, sondern Sie müssen immer mit dem ganzen Blatt arbeiten. Außerdem verlieren Sie immer wieder den Blickkontakt zur Gruppe, während Sie schreiben, sodass es durchaus passieren kann, dass sich Nebengespräche auftun und die Konzentration nachlässt.

Wenn Sie mit einem Flipchart arbeiten, empfiehlt es sich, die beschriebenen Seiten nicht umzublättern, sondern vom Block abzureißen und an einer gut sichtbaren Stelle aufzuhängen. So können sich die Teilnehmer daran orientieren, was bereits erarbeitet wurde, und ablesen, wo es weitergeht. Lassen Sie unten auf den Blättern jeweils zwei Zeilen frei. Hier notieren Sie später Zwischenergebnisse oder wichtige Punkte, die noch nachgeliefert werden. Achten Sie auch hier darauf, dass die Schrift gut lesbar ist.

Ihre Notizen

Warum eine sorgfältige Dokumentation sinnvoll ist

Wenn Sie bereits im Vorfeld des Workshops wissen, dass es einen enormen Aufwand bedeutet, sämtliche Details des Tages festzuhalten, bitten Sie einen Kollegen oder Assistenten um Hilfe. Manches lässt sich auch gut vorbereiten, sodass Sie sich an den Veranstaltungstagen ein wenig entlasten können.

Die Speicher

Hängen Sie auf jeden Fall schon vor Workshop-Beginn die Charts für Fragen, Ideen und Themen – Ihre drei Speicher – für alle gut sichtbar im Raum auf. Hier notieren Sie und auch die Teilnehmer Gedanken und Anmerkungen, die gerade nicht in die Thematik hineinpassen oder erst später berücksichtigt werden müssen. Diese Notizen werden zunächst nicht diskutiert, das geschieht erst dann, wenn Sie an Lösungsansätzen arbeiten und immer wieder Ihre Speicher daraufhin überprüfen, ob noch etwas daraus zu berücksichtigen ist.

Ihre eigenen Notizen

Benutzen Sie ein Notizbuch oder auch Ihr Konzept, um Sekundärinformationen zum Tag zu vermerken. Diese Notizen brauchen Sie, wenn Sie das Feedbackgespräch mit Ihrem Auftraggeber führen. Denn hier geht es oft darum, dass Sie Empfehlungen für das weitere Vorgehen geben oder manchmal auch eine Prognose, wie sich die Dinge entwickeln werden, stellen. Diese Notizen sind aber auch hilfreich, wenn Sie den Workshop nachbereiten und Maßnahmen ableiten müssen, die im Workshop nicht besprochen wurden.

Gedankenreise

Jede Lösung, die während des Workshops erarbeitet wird, muss dokumentiert werden. Idealerweise kann jede Aufgabe mit einem Fazit abgeschlossen werden, das Ihr Ergebnis in ein oder zwei Sätzen auf den Punkt bringt. Wenn Sie mit dem Flipchart arbeiten, füllen Sie mit dem Fazit die leeren zwei Zeilen auf den einzelnen Seiten. Hängen Sie die Blätter am besten in chronologischer Reihenfolge der Ereignisse auf, so können Sie und die Teilnehmer zu jeder Zeit eine gedankliche Reise durch den Tag machen. Das macht wieder bewusst, wie schwierig und aufwendig es ist, ein gutes Ergebnis zu erarbeiten, welche Faktoren dabei berücksichtigt wurden und wie das Denken während der Arbeit strukturiert war.

Fotos aus dem Workshop

Am Ende eines Workshop-Tages fotografieren Sie jedes einzelne Chart; achten Sie darauf, dass gut zu lesen ist, was draufsteht. Fotografieren Sie auch während der Veranstaltung, sofern Sie Zeit dafür finden und es das Arbeiten nicht stört – beim gemeinsamen Essen, Spielen, in den Pausen oder bei Präsentationen. Diese Bilder lassen sich für die Nachbereitung nutzen, um den Teilnehmern einen Anker an die Hand zu geben (siehe Seite 76). Zudem macht es einfach Spaß, Fotos anzuschauen. Sie wecken schöne Erinnerungen und rufen positive Gefühle hervor.

So erstellen Sie einen Maßnahmenplan

Jeder Workshop mündet in einen Maßnahmenplan. Darin werden alle Aufgaben aus dem Workshop zusammengefasst und mit Verantwortlichkeiten hinterlegt. Die Gliederung eines Maßnahmenplans ist sehr einfach (siehe Seite 130).

Nummerieren Sie die Maßnahmen durch, das macht es leichter, sie zu identifizieren. Tragen Sie dann die durchzuführende Maßnahme in einem Satz in die dafür vorgesehene Spalte ein. Nun formulieren Sie das Ziel zur Maßnahme. Damit können Sie sich später wieder in Erinnerung rufen, wozu sie überhaupt dienen soll. In der Spalte „Verantwortlichkeit" wird der Name desjenigen notiert, der sich um die Umsetzung kümmert. Für diese wird dann noch ein Termin, die sogenannte Deadline, festgeschrieben. Das letzte Feld ist das Kontrollfeld; hier wird die Maßnahme abgehakt, wenn sie erledigt ist – oder falls sie noch läuft, mit einem roten Haken für „Nein" versehen. Denken Sie auch darüber nach, was passieren soll, wenn die Verantwortlichen ihren Teil der Leistung nicht erbringen. Was muss derjenige dann tun? Mit welcher „Strafe" durch die Kollegen muss er rechnen?

Geben Sie den Maßnahmen in Ihrem Plan eine gewisse Reihenfolge. Zuerst kommen alle Sofortmaßnahmen, die relativ unproblematisch in der Realisierung sind. Dann folgen die unmittelbar in Angriff zu nehmenden Themen, die aber nicht sofort gelöst werden können, sondern einige Wochen oder länger brauchen. Auf der dritten Stufe finden sich alle Langzeitthemen. Dazu gehören die Themen, die von Spezialisten oder anderen

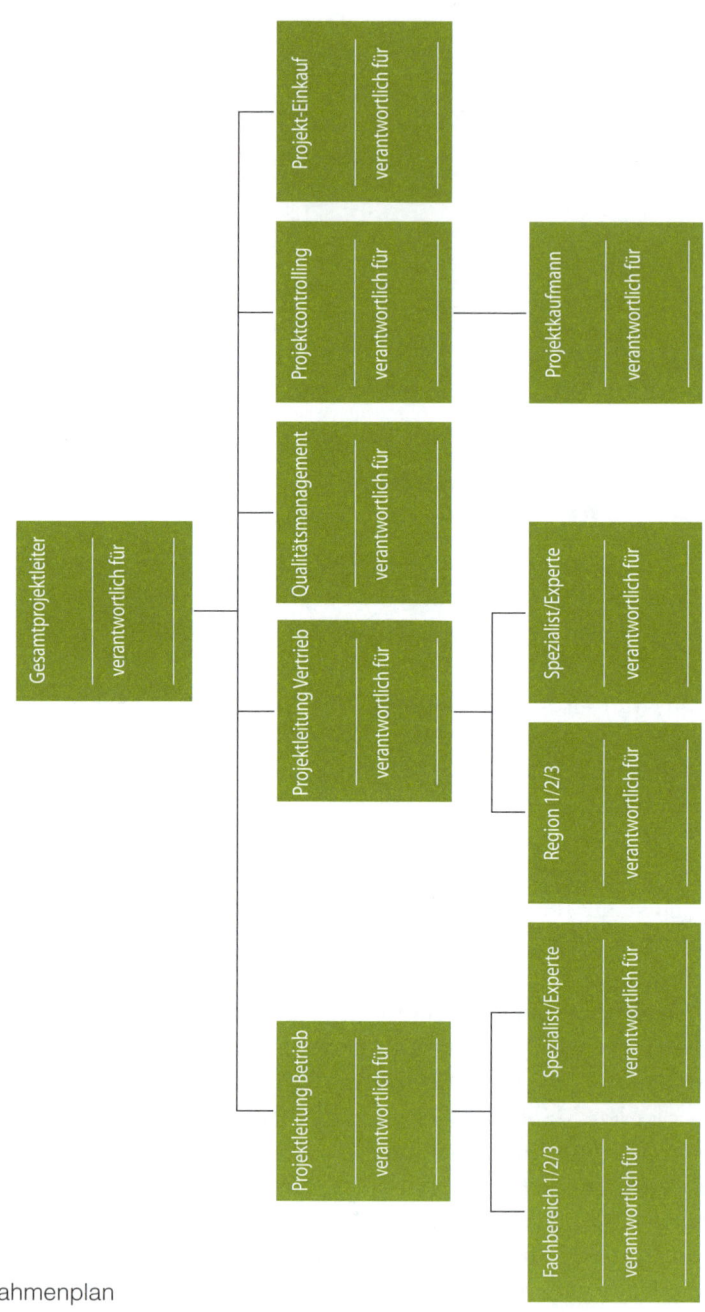

Maßnahmenplan

Fachbereichen begleitet werden müssen, bei denen die Gruppe Unterstützung braucht und für die vor allem finanzielle Mittel bereitgestellt und Ressourcen angezapft werden müssen.

Den Maßnahmenplan geben Sie den Teilnehmern sofort mit, sodass sie am nächsten Arbeitstag direkt mit der Umsetzung beginnen können. Fotografieren Sie den Plan für sich, damit Sie während der Nachbereitung noch wissen, welche Maßnahme wie nummeriert war und wer für diese verantwortlich ist.

Achten Sie darauf, dass die Aufgaben auch wirklich gut verteilt werden. Es gibt immer wieder Spezialisten, die sich ganz elegant aus der Verantwortung stehlen und keine einzige Aufgabe übernehmen – und solche, die am liebsten alles allein erledigen wollen. Doch um das gemeinschaftliche Ziel zu erreichen, muss auch nach dem Workshop jeder Einzelne seinen Beitrag leisten.

Den Maßnahmenplan mit den Langzeitthemen werden Sie als Workshop-Leiter in der Nachbereitung ausbauen, wenn das so vereinbart ist, und um die Punkte ergänzen, die aus betriebswirtschaftlicher Sicht relevant werden (mehr Informationen dazu finden Sie im Kapitel „Stufe 5: Nachhaltigkeit und Messen"). Der Workshop war die Voraussetzung, um diesen Maßnahmenplan überhaupt erstellen zu können. Sorgen Sie dafür, dass er nicht in irgendeiner Schublade verschwindet, sondern offen für alle sichtbar aufgehängt wird oder dass zumindest in sehr regelmäßigen Abständen über ihn gesprochen wird. Im Zusammenhang mit dem Projektcontrolling muss der Plan immer wieder geprüft und gegebenenfalls korrigiert werden. Überprüfen auch Sie regelmäßig die Ziele und den Umsetzungsgrad der Maßnahmen, das ist für Sie ein Messkriterium, ob Ihr Workshop letztendlich ein Erfolg oder ein Misserfolg ist.

Wie geht es nach dem Workshop weiter?

Wenn der Maßnahmenplan steht, legen Sie zusammen mit den Teilnehmern das weitere Vorgehen fest. Für Sie ist jetzt wichtig, dass Sie allen klarmachen, wie wichtig die regelmäßige Kommunikation angesichts all dieser Aufgaben ist. Planen Sie Besprechungstermine oder Meetings, achten Sie aber darauf, dass es nicht zu viele werden. Bei dieser Gelegenheit können sich die Beteiligten zum Projektstand und Vorgehen austauschen, immer wieder Erfahrungsberichte abgegeben und sich neue Anregungen von den Kollegen holen. Halten Sie diese Meetings kurz, sodass langwierige Diskussionen erst gar nicht aufkommen können.

Überlegen Sie auch, ob ein Folge-Workshop mit Ihnen als Moderator nach fünf bis sechs Monaten sinnvoll wäre. Wenn ja, soll er im gleichen Kreis oder in einer größeren Runde stattfinden? Sind Sie als Externer nicht mit weiteren Schritten beauftragt, bieten Sie den Teilnehmern an, dass sie Sie jederzeit per E-Mail oder telefonisch erreichen können. Das ist ein Service, den jeder externe Trainer anbieten sollte. Und Sie halten Kontakt und erleben, wie die Teilnehmer mit den Ergebnissen aus dem Workshop zurechtkommen.

Messgrößen finden

Wenn auch das geklärt ist, müssen Sie sich noch mit den Messgrößen befassen, die über den Erfolg des Gesamtvorhabens Auskunft geben sollen. Woran wollen die Teilnehmer den Erfolg messen? Wie kann der Erfolg im Unternehmen, im Alltagsgeschäft oder vielleicht sogar konkret in Zahlen bewertet werden? Gibt es realistische Kennzahlen, die Sie anwenden können? Oder geht es eher um emotionale Werte, die nicht als Zahlen, aber anhand von Qualitätsmerkmalen gemessen werden können? Schreiben Sie die erarbeiteten Messgrößen ruhig fest und formulieren Sie vielleicht sogar ein kleines abschließendes Ziel für die Workshop-Teilnehmer dazu.

Regelmäßiges Messen und Kontrollieren ist die Grundlage dafür, dass die Beteiligten erkennen können, wie weit ein Vorhaben mit welchem Erfolg umgesetzt wurde. Mit diesem Wissen können natürlich auch alle gemeinsam den Erfolg feiern und bestätigt sehen, dass sich Mühe und Aufwand dafür gelohnt haben.

Ihre Notizen

Wie das Commitment der Teilnehmer und Ihr Selbstverständnis zusammenhängen

Der nachhaltige und langfristige Erfolg eines Workshops hängt von zwei Faktoren ab: zum einen von der Überzeugungsarbeit und dem Verpflichten der Mitarbeiter für die Sache, zum anderen vom Ergebnis, das sich langfristig in den Arbeitsalltag integrieren und umsetzen lassen muss. Schaffen Sie es als Moderator nicht, die Teilnehmer für das Thema und die Ergebnisse zu begeistern, werden Sie in Hinblick auf die Nachhaltigkeit keinen Erfolg haben. Binden Sie daher die Teilnehmer von Anfang an sehr stark ein, versuchen Sie, deren Bewusstsein für das Thema zu schärfen und eine positive Einstellung zu bewirken.

Und dieses Gefühl muss auch nach dem Workshop weiterleben. Die Teilnehmer müssen sich den späteren Aufgaben mit Leidenschaft und Herzblut verschreiben, denn nur so werden sie die Umsetzung vorantreiben und sich verpflichten, gemeinsam daran weiterzuarbeiten und das Ergebnis ständig weiterzuentwickeln. Dabei trägt jeder Einzelne die Verantwortung für sein Handeln, das aus einem gemeinsamen Verständnis heraus geschehen sollte.

Verpflichtungen festigen

Um diese Verpflichtung zu festigen, bitten Sie die Teilnehmer – wie schon für die Zwischenschritte im Workshop beschrieben –, am Ende des ganzen Workshops die Ergebnisse zu unterschreiben. So geben Sie den Absprachen den Charakter einer Zusatzvereinbarung zum Arbeitsvertrag, die durch die Unterschrift bindend wird.

Eine andere Begleiterscheinung von echtem Commitment, die ein Unternehmen nicht unterschätzen sollte, ist, dass die Fluktuationsraten zurückgehen. Je stärker sich die Mitarbeiter ihrem Unternehmen verpflichten, desto mehr werden sie sich dafür einsetzen und für eine gute Sache kämpfen. Mit Kämpfen ist hier allerdings nicht gemeint, die Ergebnisse auf Biegen und Brechen durchsetzen zu wollen, sondern langfristig an der Umsetzung zu arbeiten. Das bedeutet auch, dass bei Stagnationen immer wieder neue Impulse gesetzt werden, damit sämtliche Beteiligten motiviert weiterarbeiten.

Machen Sie sich bewusst, dass Commitment und Motivation aus der Harmonie zwischen mehreren Menschen wächst, die zusammen etwas leisten und die Verantwortung dafür übernehmen. Verantwortung allerdings können Sie nicht verordnen oder einfach übergeben, wenn der andere sie nicht will. Sie als Moderator können jedoch die Bedingungen dafür schaffen, dass dies freiwillig geschieht. Fragen Sie sich selbst dazu am besten einmal, unter welchen Umständen Sie bereit sind, Verantwortung zu übernehmen. Welche Grundvoraussetzungen müssen geschaffen werden, damit jemand für eine Sache kämpfen und geradestehen will?

Die Antwort ist einfach, denn dabei geht es einzig und allein um ein rein menschliches Bedürfnis: nämlich den Wunsch nach einer Atmosphäre des Vertrauens und des Dialogs, nach Vereinbarungen und gegenseitiger Unterstützung mit dem notwendigen Respekt. Fast jeder strebt danach, und dennoch ist dieser Umgang im Arbeitsalltag schwer umzusetzen. Das kann einerseits daran liegen, dass wir in einer „High-tech"-, aber „Low-pay"-Gesellschaft leben, andererseits nehmen wir uns häufig nicht mehr genug Zeit für andere Menschen.

Die eigene Einstellung

Wenn Sie nicht nur den Workshop durchführen, sondern langfristig in das Projekt/Programm eingebunden sind, müssen auch Sie Leidenschaft für die Sache mitbringen. Sie sind die Schlüsselfigur, Ihre Aufgabe ist es, das Programm über die Laufzeit zu steuern und die Fäden zu verknüpfen. Wollen Sie das, dann versuchen Sie, möglichst lange in einem Projekt zu bleiben, es zu begleiten und selbst daraus zu lernen. Je stärker Ihr Bewusstsein für die Aufgabe ist und je mehr Sie sich der Sache verschreiben, desto leichter wird es Ihnen fallen, eine Gruppe auch auf lange Sicht zum Durchhalten zu motivieren.

Ebenso hängt Ihr Erfolg entscheidend davon ab, wie sehr Sie die Beteiligten von Anfang an von der Aufgabe an sich und der Umsetzung überzeugen und begeistern. Daran arbeiten Sie ja bereits in der Vorbereitungsphase, denn je fokussierter die Ziele sind, je prägnanter die Aufgabe beschrieben ist und je stärker Sie selbst sich verpflichten, desto überzeugender können Sie auftreten. Zeigen Sie echte Identifikation mit der Aufgabe und den damit verbundenen Themen, leiten Sie die Gruppe dazu an, einen aktiven Austausch zu betreiben, und denken Sie in alle Richtungen. Wechseln Sie immer wieder die Perspektiven, betrachten Sie die zentrale Problematik von anderen Seiten, unter anderen Voraussetzungen und mit anderen Gegebenheiten. Auf diese Weise werden Sie am Ende ein sehr gutes Resultat erzielen, das sich auch umsetzen lässt.

Natürlich können Sie nicht alle Faktoren berücksichtigen, die Entwicklung hängt auch stark von nicht planbaren Ereignissen im Tagesgeschäft ab. Sie können die Beteiligten in solch schwierigen Zeiten stärker unterstützen, denn das Unvorhersehbare ist eine Herausforderung für alle. Daran wird die Gruppe wachsen, sie kann aber Ihre Unterstützung, Ihre positiven Impulse und manchmal auch einen neuen Motivationsschub sicher gut gebrauchen.

Feedback: der Schlüssel zur Verbesserung

Der Begriff „Feedback" bedeutet Rückmeldung oder Reaktion, die sich auf Ereignisse, Ergebnisse, Produkte oder eben Workshops beziehen kann. Damit ist nicht nur die wörtliche Reaktion von Menschen, die auf uns reagieren, gemeint, Feedback hat viele Facetten. Es kann ebenso darum gehen, ein Ergebnis in seiner Funktionalität zu erleben, wenn sich ein Vorhaben umsetzen lässt, zum Beispiel eine Werbekampagne, die den Absatz eines Produkts um ein Vielfaches steigert, oder ein neu entwickeltes Softwareprodukt, das sich als echter Nutzen für den User erweist, oder der Garten, den Sie im Frühjahr angelegt haben und der im Sommer erstmals in voller Blüte steht. Positives Feedback ist schön, es bestätigt uns in dem, was wir tun. Natürlich kommt es auch vor, dass sich kein Erfolg einstellt, es wird kein Ergebnis sichtbar und in einem solchen Fall erfahren wir negatives Feedback.

Instrument für den Realitäts-Check

Für Sie als Moderator ist Feedback ein wichtiges Instrument, mit dem Sie sich von anderen messen lassen können, um Ihre Leistung einzuschätzen und daran zu arbeiten. Freuen Sie sich über positives Feedback, doch machen Sie sich klar, dass es als Realitäts-Check nicht so gut zu gebrauchen ist.

Ein negatives Feedback ist zwar im Moment frustrierend und verletzt zuweilen das Selbstwertgefühl, dennoch hat es den positiven Aspekt, dass Sie daraus lernen können. Damit bietet sich die Chance, sich zu entwickeln und zu versuchen, es beim nächsten Mal besser zu machen. Steuern Sie deshalb den negativen Feedbackprozess, fragen Sie ganz bewusst bei den Teilnehmern nach, was genau ihnen gefallen hat und was nicht, was sie weitergebracht hat und was nicht.

Dazu können Sie einen Fragebogen verwenden, in dem Sie bestimmte Details des Workshops auflisten, zum Beispiel die Atmosphäre oder den Einsatz von Medien. Die Teilnehmer bewerten diese Aspekte dann, meist anhand einer Skala, die von sehr schlecht bis sehr gut reicht, und können meist noch Anmerkungen ergänzen.

Diese Methode ist gut, aber anonym, und sie bringt Ihnen wenig verwertbare Informationen. Egal ob die Bewertungen positiv oder negativ ausfallen, Sie erfahren nicht, was genau an einem Punkt gut oder schlecht war. Daher ist es sinnvoller, wenn Sie sich dem Feedback in einem Dialog stellen. Nehmen Sie sich Zeit, um mit den Teilnehmern über den Workshop zu sprechen, denn nur so werden Sie ein für sich gutes und verwertbares Ergebnis erhalten.

Zu Beginn des Workshops haben Sie die Erwartungshaltungen der Teilnehmer abgefragt. Mit dem Feedback können Sie den Kreis schließen, indem Sie die Frage „Wurden die eingangs besprochenen Erwartungshaltungen erfüllt?" stellen. Notieren Sie alles, was die Teilnehmer dazu zu sagen haben. Ziehen Sie für sich ein Resümee daraus und kontrollieren Sie, ob Sie nach Einschätzung der Gruppe die Zielvorgaben richtig formuliert und umgesetzt haben.

Bereiten Sie das Einholen des Feedbacks genauso akribisch vor wie den gesamten Workshop. Erarbeiten Sie dazu am besten eine Fragenliste, die Sie am Ende des Workshops an die Teilnehmer verteilen und ausfüllen lassen. Ebenso wichtig ist es, mündliches Feedback einzufordern, damit sich ein umfassendes Bild ergibt.

Legen Sie vor dem Feedback eine kurze Pause ein, denn die Teilnehmer sind am Ende des Workshops gedanklich oft schon im Feierabend, in der Firma oder bei der Gestaltung ihrer Freizeit. Beachten Sie bei Ihrer Planung, dass Sie das Feedback zum festen Bestandteil Ihrer Agenda machen und ihm ein gewisses Zeitfenster einräumen.

Kategorien von Feedback

Fordern Sie Feedback, und zwar getrennt für die drei Themenbereiche Arbeits- und Umsetzungsergebnis, Workshop-Charakter und Moderation. Wenn die so nachfragen, werden Sie detaillierte Rückmeldungen bekommen, mit denen Sie auch etwas anfangen können. Betrachten Sie die folgenden Fragen als Anregungen, wenn Sie sich Ihre eigene Fragenliste zum Thema Feedback erarbeiten.

Arbeits- und Umsetzungsergebnis

- Wurden Ihre Erwartungshaltungen erfüllt?

- Wenn nicht, wo gingen Vorstellung und Wirklichkeit auseinander?

- Sind Sie mit den aktuellen Ergebnissen zufrieden und können Sie damit weiterarbeiten?

- Wo könnte das Ergebnis noch besser sein?

Sie haben die Erwartungen der Teilnehmer anfangs abgefragt und sicher im Workshop berücksichtigt. Wurden sie dennoch nicht erfüllt, ist das grundsätzlich schlecht, denn dann haben Sie vielleicht während des Tages entsprechende Signale nicht wahrgenommen. Im Normalfall bleiben die Erwartungen nur geringfügig unerfüllt, sofern jeder im Vorfeld wusste, was Ziel und was Inhalt des Workshops sein sollte.

Die Qualität der Ergebnisse hängt natürlich immer auch von der Wahrnehmung und dem Grad der Verpflichtung des Einzelnen ab. Aus diesem Grund ist es so wichtig, schon im Verlauf des Workshops das Einverständnis der Einzelnen einzuholen, damit Sie am Ende mit Ihrer Vorstellung darüber nicht ganz danebenliegen.

Workshop-Charakter

- Was hat Ihnen an der Location und am Umfeld sehr gut und was gar nicht gefallen? Was würden Sie besser machen?

- War das Programm zu straff? Wo wäre eine weniger umfangreiche Agenda besser gewesen?

- Was hat Ihnen am Gesamtprogramm des Workshops überhaupt nicht gefallen?

Verstehen Sie die Antworten auf diese Fragen als Anregung, um Ihren nächsten Workshop anders zu gestalten, wenn es hier schwerwiegende Kritik gibt. Nutzen Sie die Hinweise, die aus der Gruppe kommen, und berücksichtigen Sie sie bei neuen Aufgaben.

Moderation

- An welcher Stelle würden Sie die Moderation optimieren?

- Wo muss ich als Moderator stärker eingreifen, an welcher Stelle stärker zurücktreten?

- Was kann ich als Moderator grundsätzlich besser machen?

Nehmen Sie kritische Feedbacks sportlich und fair, denn hier geht es um Ihre Qualitäten als Workshop-Leiter. Sehen Sie die Hinweise an dieser Stelle nicht als persönlichen Affront, sondern wachsen Sie daran. Wie bereits gesagt, positives Feedback streichelt unser Ego, das negative zeichnet die Realität. Nutzen Sie also die Gelegenheit, sich zu verbessern und weiterzuentwickeln.

Bei diesen Fragen müssen Sie die Teilnehmer sehr wahrscheinlich sowieso motivieren, auch Negatives anzusprechen. Das wird vor allem dann der Fall sein, wenn Sie der Vorgesetzte eines, mehrerer oder im schlimmsten Fall aller Teilnehmer sind. Sagen Sie auf jeden Fall, wieso Ihnen ein ehrliches Feedback wichtig ist und dass Sie in erster Linie Optimierungspotenzial finden wollen. Kommentieren Sie Feedbacks nicht, sondern sammeln Sie die Inhalte einfach und fragen Sie nur dann nach, wenn Ihnen etwas unklar ist.

Ihre Notizen

Sorgen Sie für einen runden Abschluss

Nun sind Sie am Ende des Tages oder der Tage angelangt. Vermutlich sind Sie erstaunt darüber, wie schnell die Zeit vergangen ist, zumindest geht es mir immer so. Jetzt ist der Zeitpunkt, an dem Sie als Moderator ein persönliches Wort an alle richten können. Bedanken Sie sich zunächst bei allen Teilnehmern für die Mitarbeit. Beschreiben Sie in wenigen Sätzen, wie Sie die Zusammenarbeit empfunden haben, und äußern Sie einen persönlichen Wunsch an Ihre Workshop-Gruppe. Zum Beispiel, dass Sie sich wünschen, dass alle Vereinbarungen eingehalten werden, und Sie sehr gespannt sind, wie die Umsetzung vorangeht. Wenn es die Zeit erlaubt, laden Sie alle Teilnehmer noch auf ein Glas Prosecco ein, um gemeinsam auf die Zukunft und die Umsetzung anzustoßen.

Ansonsten bleibt Ihnen nur noch die Verabschiedung und das Angebot an alle, dass Sie sich mit Fragen oder Anregungen auch gerne per E-Mail oder telefonisch an Sie wenden können.

Stufe 4: Nachbereitung und Visualisierung

Das Nachbereiten eines Workshops ist fast so bedeutsam wie die Vorbereitung. Denn je konkreter die Ergebnisse transportiert werden, desto stärker wird die Verpflichtung der Beteiligten sein, ihre Aufgaben zu erfüllen und Verantwortung zu übernehmen.

Die so gründlich geplante und für Sie sicher aufregende Veranstaltung ist vorbei, die Teilnehmer sind nach Hause gegangen. Damit beginnt für Sie die nächste Stufe des Workshops: die Nachbereitung. Dieser Aufgabe müssen Sie mindestens so viel Aufmerksamkeit widmen wie der Vorbereitung und Durchführung – mit dem einen Unterschied, dass es jetzt sehr schnell gehen sollte.

Lassen Sie auf keinen Fall zu viel Zeit verstreichen, bis Sie mit der Nachbereitung beginnen. Eine zeitnahe Dokumentation hat den großen Vorteil, dass Sie die Details noch frisch im Gedächtnis haben. Denken Sie auch daran, dass die Teilnehmer so schnell wie möglich mit der Umsetzung der Ergebnisse beginnen sollen. Das können sie nur, wenn sie etwas in der Hand haben.

Für Sie heißt das: Sie müssen sich schon im Vorfeld überlegt haben, wen Sie bei der Nachbereitung brauchen, eventuell einen Grafiker, der Ihnen Ihre Dokumente schön aufbaut, oder einen Texter, der Sie in sprachlicher Hinsicht unterstützt. Sie sollten sich auch schon Gedanken über das Medium, mit dem Sie die Nachbereitung transportieren wollen, Gedanken gemacht haben: Vorstellbar wäre zum Beispiel ein Booklet in Papierform, eine Powerpoint-Präsentation oder eine kleine Website. Letztgenannte Variante eignet sich übrigens ganz hervorragend, wenn das Unternehmen, in dem die Teilnehmer Ihres Workshops arbeiten, einen eigenen Intranetauftritt pflegt.

Überblick: Ihre Aufgaben nach dem Workshop

Sie haben sicher eine Menge Papier, Notizen und Material aus dem Workshop mitgebracht, wollen aber in möglichst kurzer Zeit eine Auswertung erarbeitet haben. Das ist meist nicht so einfach, schließlich soll nichts verlorengehen und jeder Beteiligte soll die richtigen Informationen bekommen, um sicher weiterarbeiten und die Ergebnisse umsetzen zu können. Strukturieren Sie die Nachbereitung deshalb erst einmal für sich, bevor Sie aktiv werden, damit Sie sich Schritt für Schritt einem guten Ergebnis annähern können.

Nachfolgend finden Sie eine Übersicht mit den Aufgaben, die Sie nach dem Workshop zu erledigen haben. In den weiteren Ausführungen finden Sie dann Erläuterungen und Anregungen dazu.

- E-Mail mit kleinem Dank an alle Beteiligten schicken
- Inhalte und Ergebnisse des Workshops nachbereiten
- Gimmicks anlegen
- Abschlussfazit formulieren
- Gespräch mit dem Auftraggeber/Vorgesetzten führen und formale Bestätigung für das weitere Arbeiten einholen
- Feedbackgespräche mit den Teilnehmern organisieren
- Nachbereitung an alle Teilnehmer übergeben
- Die vereinbarten Maßnahmen und Beschlüsse prüfen
- Zielformulierungen nachschärfen und Teilziele ableiten
- Ressourcen prüfen und gegebenenfalls anfordern
- Projektorganigramm aufsetzen
- Erweiterten Maßnahmenplan vorbereiten
- Controllingtool definieren und installieren
- Liste offener Punkte (LoP) anlegen
- Reflexions- und Reportingtermine vereinbaren
- Das Programm am Leben erhalten und immer wieder neue Inputs einsteuern
- Veränderte Gegebenheiten im Unternehmen mit einbeziehen

Schicken Sie eine E-Mail an alle Beteiligten

Senden Sie an alle Teilnehmer eine kurze E-Mail, in der Sie sich für die Mitarbeit im Workshop bedanken. Wenn Sie ein Foto von der ganzen Gruppe gemacht haben, können Sie es als nette Erinnerung gleich mitschicken. Verweisen Sie in der Nachricht darauf, wann die nachbereiteten Unterlagen zur Verfügung stehen werden und wie Sie sie übergeben wollen. Denken Sie daran: Wenn Sie einen Termin ankündigen, müssen Sie ihn unbedingt einhalten.

Die Teilnehmer haben den Maßnahmenplan ja schon aus dem Workshop mitgenommen, wünschen Sie ihnen in Ihrer E-Mail noch einmal ein gutes Gelingen der Umsetzung. Wenn es die Umstände erlauben, stellen Sie sich als Ansprechpartner bei offenen Fragen zur Verfügung. In diesem Fall sollten Sie auch angeben, wann und wie Sie am besten zu erreichen sind, und die entsprechenden Kontaktdaten übermitteln.

Inhalte und Ergebnisse des Workshops

Wenn Sie mit Ihrer Nachbereitung den Mitarbeitern ein hilfreiches Arbeitsmittel an die Hand geben wollen, reicht es nicht aus, die Ergebnisse aus dem Workshop einfach aufzulisten. Ihre Unterlagen sollten vielmehr den gesamten Verlauf der Veranstaltung – von der Vorbereitung bis hin zum Schlusswort und zu den beschlossenen Maßnahmen – umfassen. Optimal wäre es, wenn Sie es schaffen, dass die Teilnehmer Ihre Unterlagen gerne in die Hand nehmen, um darin zu blättern und den Workshop noch einmal Revue passieren zu lassen, – denken Sie bei der Ausarbeitung vielleicht an ein Reisetagebuch.

Elemente der Nachbereitung

Je detaillierter Ihre Vorbereitung und je schlüssiger das Gesamtkonzept war, desto schneller und effizienter können Sie jetzt bei der Nachbereitung arbeiten. Beziehen Sie dabei die folgenden Punkte ein:

1. Die Ausgangsbasis: Beschreiben Sie die Ist-Situation, die aktuell im Unternehmen vorherrscht, und damit den Grund, warum der Workshop durchgeführt wurde.
2. Die Intention: In einem Workshop geht es darum, gemeinsam etwas zu schaffen und zu lernen. Inhalt und Ziel hängen von der Vorgabe Ihres Auftraggebers ab, die meist mit der langfristigen Planung des Unternehmens zu tun hat. Seine Intention muss noch einmal konkret formuliert auftauchen.
3. Die Aufgabe: Beschreiben Sie in wenigen Sätzen sehr konkret, mit welcher Aufgabenstellung der Auftraggeber ursprünglich an Sie herangetreten ist.
4. Die Herausforderung: Formulieren Sie die gemeinsame Herausforderung noch einmal, um allen Beteiligten klarzumachen, worum es in Zukunft mit den Workshop-Ergebnissen geht.

5. Das Ziel: Die genaue Zielformulierung ist wichtig, um später die Ergebnisse daran zu messen und sie auch zu rechtfertigen. Beschreiben Sie das Ziel in wenigen Sätzen, im Idealfall sogar in nur einem Satz. Wurden Ziele auf mehreren Ebenen, zum Beispiel verbunden mit fachlichen oder emotionalen Zusammenhängen oder mit dem laufenden Workflow, festgelegt, so erwähnen Sie diese ebenfalls.

6. Die ideale Vorgehensweise: Hier finden sich Teile Ihres Konzepts wieder. Benennen Sie, was Sie mit dem Workshop erreichen, also wozu Sie die Teilnehmer veranlassen und motivieren wollten.

7. Das Motto: Das Motto oder die zentrale Idee ist immer die emotionale Klammer, die Sie für den Workshop entwickelt haben. Wenn Sie zum Beispiel die Schnitzeljagd aus dem Kapitel „Stufe 2: Vorbereitung des Workshops" durchgeführt haben, können Sie an dieser Stelle Bilder davon einbauen.

8. Arbeitsschritte: Greifen Sie die Agenda des Tages nicht in allen Einzelheiten auf, sondern beschränken Sie sich auf die Arbeitsschritte, die Sie im Workshop gegangen sind. Stellen Sie die Aufgaben einzeln vor, nehmen Sie alle Charts auf (Sie müssen sie also abschreiben) und ergänzen Sie auch die Fotos, die Sie am Tag/an den Tagen gemacht haben.

9. Die Ergebnisse: Achten Sie darauf, alle Ergebnisse verständlich zu formulieren. Überprüfen Sie auch noch einmal, ob sie sich mit den Aufgaben und definierten Zielen decken. Weisen Sie explizit auf das gemeinsame Verständnis und das Commitment hin, das Sie für die jeweilige Aufgabe und die damit verbundenen Ergebnisse erwirkt haben.

10. Fazit: Zum Abschluss Ihrer Nachbereitung können Sie ein persönliches Fazit aus dem Workshop ergänzen. Vergessen Sie auch nicht, die Teilnehmer noch einmal für die Mitarbeit zu loben und sich bei ihnen zu bedanken.

In die Zusammenfassung der Aufgaben und Ergebnisse lassen Sie anschließend Ihre Sekundärinformationen, die Sie während des Workshops notiert haben, einfließen. Das können sowohl einfache Hinweise als auch provokante Fragen oder Motivationselemente sein. Setzen Sie diese Infos vom restlichen Text ab, zum Beispiel durch eine andere Farbe oder einen Rahmen, sodass sie auf jeden Fall als Sekundärinformationen zu identifizieren sind.

Zur Erinnerung

Kleine Geschenke erhalten die Freundschaft, sagt zumindest der Volksmund. Machen Sie vielleicht auch den Workshop-Teilnehmern eine kleine Freude. Welche Kleinigkeit könnte geeignet sein, um damit eine Botschaft zu transportieren, die mit dem Workshop zu tun hat? Im Idealfall findet sich dieses Geschenk auf dem Schreibtisch des Teilnehmers wieder, um ihn an die gemeinsamen Ergebnisse und Ziele zu erinnern.

Als Gimmick ist zum Beispiel ein Aufsteller für den Schreibtisch der Teilnehmer denkbar. Er kann die Erkenntnisse des Tages transportieren und findet – schön gestaltet – sicher einen festen Platz, an dem ihn jeder jeden Tag vor Augen hat.

Gut funktionieren auch kleine laminierte Karten im Scheckkartenformat für die Brieftasche oder den Geldbeutel. Sie eignen sich zum Beispiel als Kommunikationsmittel für gemeinsame Beschlüsse oder Spielregeln.

Sie können auch kleine Würfel, deren Seiten sich selbst gestalten lassen, an die Teilnehmer weitergeben. Schmücken Sie sie mit Bildern und Botschaften aus dem Workshop.

Ihre Notizen

Ihr Abschlussfazit

In Workshops werden immer wieder Geschehnisse oder Entwicklungen im Unternehmen zur Sprache kommen, die die Teilnehmer im Arbeitsalltag verunsichern. Das ist häufig der Fall, wenn Kooperationen, Abteilungszusammenschlüsse oder Umstrukturierungen das Thema sind. Oftmals geht es um Ängste der Mitarbeiter, Situationen, die ungeklärt sind, oder um Fragen, auf die die Teilnehmer bisher noch keine Antwort bekommen haben.

All diese Punkte greifen Sie in Ihrem persönlichen Fazit zum Workshop auf, das Sie getrennt von den übrigen Unterlagen erstellen. Nennen Sie die Gründe und Auslöser der Ängste und Unsicherheiten sowie die Haltungen der Mitarbeiter zu den kritischen Themen. Aus Ihren bisherigen Erfahrungen leiten Sie Empfehlungen ab, wie sich das Unternehmen in dieser Situation verhalten soll.

Häufig ist es so, dass Abteilungsleiter oder Führungskräfte für solche Entwicklungen keine Antennen haben. Vieles geht einfach unter, weil die Betriebsblindheit wirkt, weil einfach vergessen wurde zu kommunizieren oder weil der Verantwortliche auf die drängenden Fragen selbst noch keine Antworten hat. Weisen Sie darauf hin, wie wichtig es ist, überhaupt zu kommunizieren und auch auf noch fehlende Lösungen einzugehen. Denn dann wissen die Beteiligten, dass eine Problematik wahrgenommen wurde und bereits bearbeitet wird.

Ihre Notizen

Was Sie jetzt mit dem Auftraggeber/Vorgesetzten besprechen sollten

Sobald Sie die Unterlagen für die Teilnehmer erstellt haben, ist es an der Zeit, das Material zu verteilen. Vereinbaren Sie jetzt auch ein Gespräch mit Ihrem Auftraggeber und geben Sie ihm Feedback zum Workshop. Für ihn ist Ihr persönliches, inoffizielles Fazit sehr wichtig, denn daraus kann er mehr verwertbare Informationen bezüglich der Situation seiner Mitarbeiter ziehen als aus den Gesamtergebnissen des Workshops. Fragen Sie Ihren Auftraggeber aber auch nach seiner Sicht der Dinge, denn die Teilnehmer des Workshops haben ihre eigene Perspektive. Vielleicht sieht Ihr Auftraggeber eine Angelegenheit ganz anders oder weiß etwas, das Ihnen die Teilnehmer im Workshop vorenthalten haben oder das sie zu dem Zeitpunkt gar nicht wissen konnten.

Sprechen Sie an dieser Stelle Ihre Empfehlungen aus, wie die Problematiken oder offenen Punkte, die Ihnen aufgefallen sind, bearbeitet werden könnten – berücksichtigen Sie dabei aber schon das Statement Ihres Auftraggebers. Eine bessere Chance, Ihre Vorstellungen an den Mann zu bringen, werden Sie so schnell nicht wieder bekommen.

Wenn Sie als Projektleiter oder Externer das gesamte Projekt weiterbetreuen, lassen Sie sich alle Maßnahmen, die im Workshop als sinnvoll beschlossen wurden, absegnen. Sichern Sie sich auch die Unterstützung der Stellen, von denen Sie etwas brauchen, zum Beispiel Zeit, Budget oder Ressourcen.

Übergeben Sie Ihre Nachbereitung dem Auftraggeber immer persönlich. Sprechen Sie mit ihm über die Inhalte und vergessen Sie nicht, auf spezielle Punkte hinzuweisen, zum Beispiel warum die Gruppe zu einem bestimmten Ergebnis gekommen ist oder warum sich eine völlig andere Lösung als zunächst angenommen ergeben hat. Ihr Auftraggeber kann die Entwicklung nicht immer allein anhand des Geschriebenen nachvollziehen. Wenn bei ihm Fragen auftauchen, stehen Sie ihm beratend und unterstützend zur Seite.

Ihre Notizen

_____

_____

_____

_____

_____

Treffen Sie sich mit den Teilnehmern

Optimalerweise sind seit dem Workshop sowie dem Fertigstellen der Nachbereitung und dem Gespräch mit dem Auftraggeber weniger als fünf Tage vergangen. In dieser Zeit konnten sich die Teilnehmer bereits um die ersten schnell umzusetzenden Maßnahmen kümmern. Jetzt ist es an der Zeit, dass alle zusammen die langfristigen Aktionen angehen.

Bereiten Sie für das erste Feedback-Gespräch nach dem Workshop eine Agenda vor und nehmen Sie sich Zeit. Mittlerweile sind die Erlebnisse verarbeitet, die Erkenntnisse haben sich gesetzt und vielleicht sind sogar schon erste kleine Teilerfolge zu vermelden. Fragen Sie auf jeden Fall nach, welche bleibenden Eindrücke die gemeinsame Arbeit hinterlassen hat, was die Teilnehmer langfristig Positives daraus mitnehmen und wie sie künftig mit dem Erlernten umgehen wollen.

Die Nachbereitungsunterlagen händigen Sie den Teilnehmern persönlich aus. Das lässt sich gut bei dem ersten Treffen erledigen. Prüfen Sie dabei ein letztes Mal, ob jeder alles verstanden hat und ob sich die Ziele, Beschlüsse und Maßnahmen nach wie vor mit den Meinungen der Mitarbeiter decken. Besprechen Sie zudem den weiteren Projektverlauf und die nächsten Schritte mit allen.

Stufe 5: Nachhaltigkeit und Messen

Der Erfolg oder Misserfolg von Workshops wird erst im Nachhinein erkennbar – nämlich dann, wenn sich anhand von Zahlen, Daten, Fakten oder auch emotionalen Werten messen lässt, wie gut die Ergebnisse daraus umgesetzt werden.

Wenn Sie diese Stufe erreicht haben, können Sie als Workshop-Leiter oder Trainer das als Erfolg verbuchen. Alles ist planmäßig gelaufen, die Ziele, Verantwortungen und Aufgabenverteilungen sind klar und eindeutig definiert. Nun beginnt die Zeit, in der sich zeigen wird, ob sich die Ergebnisse aus Ihrem Workshop auch nachhaltig umsetzen lassen.

Wurden Sie als Externer rein als Trainer oder Moderator engagiert, ist Ihre Arbeit normalerweise an dieser Stelle beendet und der Projektleiter übernimmt. Planen Sie für die Übergabe ausreichend Zeit ein, denn sicher werden eine Menge Details zu besprechen sein. Das gilt vor allem, wenn der Projektleiter nicht am Workshop teilgenommen hat. Sorgen Sie dafür, dass er in jedes Detail eingeweiht ist, briefen Sie ihn und besprechen Sie dringend die weiteren Schritte. Eine Übergangsphase, in der der externe Trainer dem Projektleiter noch zur Seite steht, um die Maßnahmen anzuschieben, ist in solchen Fällen empfehlenswert.

In manchen Fällen begleitet der Trainer ein Projekt auch weiter. Dann steht er einem internen Projektleiter mit Rat und Tat zur Seite und berät ihn bei den jetzt anstehenden Aufgaben. Allerdings müssen hier die Rollen ganz klar definiert und beschrieben sein. Der Interne macht die Arbeit, fungiert als Treiber, hält die Fäden in der Hand, während der Externe beobachtet und den Blick von „außen" auf das Projekt beibehält. Sind Sie in dieser Situation, dann müssen Sie wissen, was ein Projektmanager jetzt zu tun hat, um eine echte Hilfe sein zu können.

Häufig sind auch regelmäßig Impulse von außen nötig, um gerade bei langfristigen Projekten mögliche Entwicklungen außerhalb des Projektteams nicht zu vernachlässigen. An dieser Stelle warne ich aber vor externen Beratern, die nach dem Motto „Management by Helicopter" schnell Ziel und Maßnahmen festlegen und sich noch vor der Umsetzung mit viel Honorar verabschieden. Nachhaltiger Erfolg wird sich nur einstellen, wenn die Beteiligten über einen langen Zeitraum an der Umsetzung beteiligt sind, gemeinsam alle Höhen und Tiefen des Projekts durchleben und zusammen den Erfolg feiern.

Übergang: der Workshop-Leiter als Projektmanager

Wurden Sie als Interner zum Workshop-Leiter gemacht, übernehmen Sie an dieser Stelle sehr wahrscheinlich die Funktion eines Projektmanagers.

Machen Sie sich klar, dass die Umsetzungsarbeit der ideale Einstieg sein kann, um sich zur Führungskraft zu entwickeln. Denn Sie übernehmen zum ersten Mal – wenn auch für begrenzte Zeit – die verantwortungsvollen Aufgaben der Personalführung. Dabei sind häufig die Qualitäten gefordert, die auch von einer Führungskraft erwartet werden:

- Organisationstalent
- Motivationstalent
- Rhetorische Fähigkeiten
- Durchsetzungsvermögen
- Teamfähigkeit
- Belastungsfähigkeit

Zwei weitere Merkmale sind von ganz entscheidender Bedeutung: die persönliche Glaubwürdigkeit und ehrliches Interesse an Menschen. Machen Sie sich dies bewusst, wenn Sie als Projektmanager tätig werden. Mit diesen Eigenschaften werden Sie Ihre Mitarbeiter begeistern und bei der Stange halten können – und gemeinsam mit ihnen zu nachhaltigem Erfolg gelangen.

Nun liegt es an Ihnen, die im Workshop gefundenen Lösungen noch einmal zu hinterfragen, die zunächst allgemein gefassten Ziele mit Fakten zu hinterlegen, die Umsetzung in die Wege zu leiten, über einen längeren Zeitraum hinweg zu begleiten und zu kontrollieren. Oberflächlich gesehen stehen Sie vor ähnlichen Aufgaben wie bei der Vorbereitung, Durchführung und Nachbereitung des Workshops. Allerdings setzen Sie nun die Methode „Projektmanagement" bei Ihrer Arbeit ein, die sehr in die Tiefe und ins Detail geht, und leiten ein Team, das den ganz normalen Arbeitsalltag zu bewältigen hat.

Das heißt, dass sowohl ein Externer, der dem Projektmanager beratend zur Seite steht, als auch ein Interner, der vom Workshop-Leiter zum Projektmanager wird, die Grundlagen dieser Methode kennen muss, um das gesamte Vorhaben weiterzuführen. Informieren Sie sich dazu mit aussagekräftiger Literatur, zum Beispiel mit den beiden Büchern „Projektmanagement in der Praxis" von Claus Steinberg (Stuttgart 1990) und „Modernes Projektmanagement" von Erik Wischnewski (Braunschweig/Wiesbaden 1992). Oder besuchen Sie, wenn Sie als Projektmanager eingesetzt werden, vielleicht schon vorab ein entsprechendes Seminar oder eine Fortbildung. An dieser Stelle möchte ich kurz auf die wichtigsten Punkte des Projektmanagements eingehen, damit Sie sich einen Überblick darüber verschaffen können, welche Anforderungen auf Sie zukommen. Dabei betrachte ich die Aufgaben ausdrücklich aus der Perspektive eines Projektmanagers. Und das sollten Sie als beratender Externer auch tun, damit Sie sich die gleichen Fragen stellen, vor denen ein Projektmanager steht.

Wie Sie an Ihre neue Aufgabe herangehen

Der Workshop ist endgültig abgeschlossen, jetzt beginnt die Arbeit in die Tiefe und ins Detail. Sie als Projektmanager müssen nun alle Maßnahmen und Beschlüsse aus dem Workshop noch einmal neutral betrachten und auf ihre Umsetzbarkeit hin prüfen. Es kann nämlich durchaus sein, dass die Basis im Workshop nicht ganz der Wirklichkeit entsprochen hat. Vielleicht sind bestimmte Rahmenbedingungen nicht einbezogen, Budgetfragen nicht geklärt oder der Aufwand an Ressourcen nicht richtig eingeschätzt worden. Während Sie die Maßnahmen genauer unter die Lupe nehmen, ordnen Sie sie nach Wertigkeiten; dabei stehen Maßnahmen, die schnell und effizient umzusetzen sind, an erster Stelle. Mit deren Umsetzung sichern Sie sich erste Teilerfolge bei der gesamten Umsetzung.

Für die umfangreicheren und langfristigeren Vorhaben erstellen Sie auf Basis der Ergebnisse aus dem Workshop einen erweiterten Maßnahmenplan (wie das geht, erfahren Sie ab Seite 160). Dabei werden Sie vermutlich Unterstützung aus den benachbarten Abteilungen brauchen oder einige Details mit dem Betriebsrat klären müssen. Ebenso wichtig ist es, dass Sie ein Anreizsystem für die beteiligten Mitarbeiter schaffen.

Erfolg ist planbar, Misserfolg vermeidbar

Welche Faktoren bestimmen eigentlich, ob Ihr Vorhaben gut verläuft oder nicht? Was ist das Geheimnis des Erfolgs und erfolgreicher Menschen?

- Erstens erkennt man Erfolgsmenschen an ihren bewusst gesetzten Zielen. Das setzt voraus, dass die Ziele klar und eindeutig formuliert sind, keine Fragen offenlassen und sich alle Beteiligten darüber einig sind.

- Zweitens planen sie ihren Erfolg langfristig. Dazu setzen sie ein Programm auf, das kurz-, mittel- und langfristig messbare Ziele umfasst.

- Drittens sind nur lernende Menschen und Organisationen wirklich erfolgreich. Sie nehmen Veränderungen in der Umwelt, bei den Gegebenheiten und Ausgangsbedingungen wahr, lernen aus Misserfolgen und suchen immer wieder neue Wege, um das zu erreichen, was sie wollen.

Wenn diese drei Faktoren stimmen, wird die Umsetzung Ihres Vorhabens nachhaltige Wirkung haben. Der Workshop kann immer nur eine Auftaktveranstaltung sein, bei der die Voraussetzungen geschaffen werden, um ein Projekt oder Programm langfristig erfolgreich zu machen. Und genau das ist jetzt Ihre Aufgabe.

Ebenso wie Erfolg planbar ist, lässt sich Misserfolg vermeiden. Je genauer und detaillierter Sie wissen, woran Ihr Projekt scheitern könnte, desto zielgerichteter können Sie von Anfang an alles daransetzen, um einer solchen Entwicklung entgegenzuwirken. Was sind die häufigsten Ursachen dafür, dass ein Projekt nach einem guten Workshop nicht erfolgreich verläuft?

1. Eine detaillierte Planung fehlt
2. Die zur Verfügung stehenden Ressourcen sind nicht geklärt oder reichen nicht aus
3. Fehlendes oder mangelhaftes methodisches Wissen
4. Mängel in der Zusammensetzung und Qualifikation des Teams
5. Zu viele Eingriffe in den Planungsablauf/Durchsteuerung „von oben"
6. Keine Reaktion auf Änderungen im Umfeld und im Unternehmen
7. Demotivation
8. Unklare Ziele

Behalten Sie diese acht Faktoren im Hinterkopf und setzen Sie alles daran, sie auszuschalten. Wie das im Einzelnen geht, wissen Sie zum Teil schon, alles Weitere erfahren Sie im Folgenden.

Entwickeln Sie die Workshop-Ziele zu Projektzielen weiter

Als Erstes geht es darum, die im Workshop erarbeiteten Ziele noch einmal zu hinterfragen und die damit verbundenen Vorgaben zu konkretisieren. Arbeiten Sie dazu Teilziele heraus und verfeinern Sie die Maßnahmen, die nötig sind, um das Vorhaben auch tatsächlich umzusetzen. Ebenso müssen

Sie die Messgrößen für die Ziele noch einmal ganz genau prüfen. Dieser Vorgang ist sehr wichtig, denn die Erkenntnisse daraus sind Ihre Grundlage für die Projektarbeit, die sich an den Workshop anschließt, und für das Gespräch, in dem Sie sich Ihren Projektplan endgültig von Ihrem Vorgesetzten genehmigen lassen.

Machen Sie sich an dieser Stelle bewusst, was ein konkretes Ziel ausmacht, die wichtigsten Merkmale kennen Sie ja schon. Die klare Definition der Zielsetzung ist der wichtigste Erfolgsfaktor für die Umsetzung. Auf sie richtet sich alle Motivation und Arbeitsenergie des Projektteams. Je genauer das Ziel beschrieben ist, desto besser können sich die Beteiligten damit identifizieren. Die folgenden Fragen helfen dabei, ein Ziel auf seine Genauigkeit hin zu prüfen:

- Ist mein Ziel schriftlich fixiert?
- Ist mein Ziel konkret?
- Ist mein Ziel realistisch?
- Ist mein Ziel messbar?
- Ist mein Ziel terminiert?
- Ist mein Ziel persönlich erstrebenswert?
- Ist mein Ziel verstanden?

Beziehen Sie bei Ihren Überlegungen möglichst viele Faktoren ein, die auf die Zielsetzung auf irgendeine Art und Weise Einfluss haben. Dazu folgendes Beispiel, das immer wieder als Ergebnis aus Workshops mitgebracht wird: „Ziel für das kommende Geschäftsjahr ist eine Einsparung von fünf Millionen Euro."

Das ist natürlich ein legitimes Ziel für die Unternehmensspitze. Nur wird für den einzelnen Mitarbeiter nicht sichtbar, an welcher Stelle er seinen Beitrag zu Einsparungen leisten kann – zumal bei derartigen Zielen zuallererst beim Personal rationalisiert wird. Ihre Aufgabe besteht darin, diese Ziele auf jeden Einzelnen im Unternehmen herunterzubrechen. Dabei können sich zum Beispiel folgende Formulierungen ergeben: „Sorgfältigeres Umgehen mit den Betriebsmitteln", „Das Marketing konzentriert sich auf weniger, dabei effizientere Werbeformen", „Der Vertrieb erschließt neue Segmente, denn eine Umsatzsteigerung kommt einer Einsparung sehr entgegen" usw.

Sichern Sie sich die nötigen Ressourcen

Speziell die langfristigen Maßnahmen setzen sich aus sehr vielen einzelnen Teilleistungen zusammen, die von unterschiedlichen Abteilungen oder Mitarbeitern des Unternehmens erbracht werden müssen. Bei der Planung der für das Projekt nötigen Mitarbeiter geht es um Fragen wie:

- Wie viel Zeit kann ich investieren, um zum Ziel zu kommen?

- Wen wünsche ich mir in meinem Team?

- Brauche ich das Wissen von Spezialisten und Experten für verschiedene Teilbereiche?

- Woher bekomme ich diese Unterstützung und kann ich ohne große formale Prozesse darauf zugreifen?

Ein Team, das sich gemeinsam einer Aufgabe verschreibt, muss zusammenpassen: zum einen auf der menschlichen Ebene, sie ist entscheidend für einen optimalen Workflow, andererseits natürlich auch, wenn es um den Grad der Qualifikation der Beteiligten geht. Bedenken Sie, dass Sie, zum Beispiel wenn Sie einen „Neuling" mit an Bord holen wollen, jemanden brauchen, der ihn führt und anleitet. Stellen Sie Ihr Team so zusammen, dass alle Positionen optimal besetzt sind, eine Fußballmannschaft besteht auch nicht nur aus Stürmern und Mittelfeldspielern.

Damit Ihr Team gut funktioniert, müssen die folgenden Positionen besetzt sein:

- Teamleiter

- Fachliche Mitarbeiter

- Controller/Kaufmann

Ist ein Projekt sehr komplex, wird es eventuell in Teilprojekte unterteilt. Dann brauchen Sie zusätzlich Teilprojektleiter.

Prüfen Sie unbedingt die zur Verfügung stehenden Ressourcen, und zwar in mehrfacher Hinsicht: Wer steht mit welcher Intensität und wie lange zur Verfügung? Haben Sie die Teammitglieder ausgewählt, sichern Sie sich erst einmal die Freigabe von deren Vorgesetzten (in schriftlicher Form), bevor Sie weitermachen. Häufig hört ein Projektmanager Sätze wie: „Sagen Sie einfach Bescheid, wenn Sie Herrn Meier brauchen, dann werden wir Ihnen schon helfen." Solche Zusagen reichen nicht! Das bedeutet letztlich, dass Herr Meier seine Projektarbeit neben der normalen Tätigkeit erledigen muss, wobei das Reguläre meist auch noch Vorrang hat.

Unter Umständen haben Sie aber sowieso gar keinen Einfluss auf die Teamzusammensetzung. Dann müssen Sie mit den Mitarbeitern arbeiten, die Ihnen zugeteilt werden.

Ihre Notizen

Mit dem Projektorganigramm für Klarheit sorgen

Damit im laufenden Projekt alle Teammitglieder wissen, wo sie stehen, wer wofür Ansprechpartner ist und wen sie hinzuziehen können, wenn es spezielle Fragen gibt, erstellen Sie ein Projektorganigramm. Damit vermeiden Sie außerdem, dass es zu „Revierkämpfen" kommt, denn jeder hat einen festen Platz sowie einen klaren Verantwortungs- und Zuständigkeitsbereich in dieser Organisation. Die folgende Abbildung zeigt Ihnen, wie ein solches Organigramm aussehen könnte.

Nr.	Maßnahme	Ziel	Verantwortlich	Erledigen bis	Check	
					ja	nein

Beispiel für ein Projektorganigramm

Denken Sie auch daran, alle Teammitglieder, die im Projektorganigramm enthalten sind, mit den erforderlichen Vollmachten auszustatten, zum Beispiel mit Handlungsvollmachten, die auf das Projekt begrenzt sind, Budgetverantwortung oder bestimmten Handlungsbefugnissen. Fassen Sie sämtliche Aufgaben und Verantwortlichkeiten schriftlich im Projektorganigramm zusammen und lassen Sie sich auch diese Unterlage vom Vorgesetzten absegnen.

Treffen Sie mit Ihrem Vorgesetzten ebenfalls klare Regelungen: Ein Projektteam muss arbeiten können, oft stört dabei der Chef, weil er sich „einmischt". Natürlich könnte das Team einfach ohne großes Aufheben am

Projekt arbeiten, das widerspricht jedoch einer durchgängigen Kommunikation und dem Miteinander. Es hätte zwar den Vorteil, dass Sie keine Unterbrechungen „von oben" hinnehmen müssten, jedoch tragen Sie am Ende auch die ganze Verantwortung. Legen Sie mit Ihrem Vorgesetzten fest, dass er regelmäßig in Kenntnis gesetzt wird und Sie innerhalb der üblichen unternehmerischen Rahmenbedingungen eigenständig das Projekt führen, wie Sie es für richtig halten.

Das Projekt auf einen Blick: der erweiterte Maßnahmenplan

Nun ist es an der Zeit, die bisherigen Ergebnisse in einem erweiterten Maßnahmenplan zusammenzufassen, um die Art und Reihenfolge aller Zielsetzungen und Maßnahmen festzulegen. Mit dem Plan wird zum einen das Projekt in Teilprojekte und mehrere Ebenen aufgegliedert, zum anderen beschreibt er die Verantwortlichkeiten. Hinzu kommen realistische Zeitplanungen und die nötigen Mittel (Ressourcen). Für eine konkrete Projektplanung ist viel methodisches Wissen notwendig, eignen Sie sich dieses an oder holen Sie sich entsprechende Unterstützung.

Was bedeutet Planung eigentlich?

Machen Sie sich an dieser Stelle einmal ganz bewusst, was Sie in der zweiten Projektphase eigentlich tun: Unter Planung wird die gedankliche Vorwegnahme zukünftigen Handelns verstanden. Dazu werden verschiedene Handlungsalternativen gegenübergestellt. Nun ist der Weg zum Ziel festzulegen, das bedeutet, Sie müssen sich für eine der möglichen Alternativen entscheiden.

So wird es zum Beispiel immer mindestens zwei Wege zur Ergebnisverbesserung geben. Erstens: Kosten sparen; zweitens: Umsatzwachstum. Der erste Weg führt meist schneller zum Ziel, wirkt aber häufig nicht nachhaltig. Der zweite ist immer der längere und erbringt zunächst einmal schlechtere Ergebnisse, da man in Marketing und Vertrieb investieren und die Märkte auf bessere Absatzchancen hin untersuchen muss. Vielleicht müssen auch neue Produkte entwickelt werden. In diesem Fall ist die Langfristigkeit der Zielsetzung entscheidend. Behält ein Projektmanager seine Position auch im nächsten Jahr nur, wenn er ehrgeizige Ergebnisziele erreicht, dann bleibt in diesem Beispiel nur der Weg des Sparens.

Entscheidend ist natürlich auch, wie viel Zeit Ihnen für Ihr Projekt zur Verfügung steht und wie gut Sie das Umfeld kennen. Je gründlicher Sie recherchieren und je mehr Einflussgrößen Sie betrachten, desto komplexer wird zwar das System, in dem Sie sich bewegen, aber desto wahrscheinlicher wird auch, dass Sie Ihre Planung erfolgreich umsetzen können.

Für manche Entscheidungsprozesse werden inzwischen Simulationsmodelle angeboten, die dabei helfen, möglichst exakte Voraussagen zu bestimmten Ergebnissen zu erhalten. Manche Prozesse sind gar so komplex, dass ausschließlich Simulationsmodelle benutzt werden, die über Jahre entwickelt wurden. Prüfen Sie Ihr Projekt auf seine Prämissen und Komplexität und entscheiden Sie sich unter Umständen für die Anschaffung von entsprechenden Werkzeugen.

Das Abwägen von Alternativen

Die Determinanten, die Ihr Ziel mit beeinflussen, können Sie natürlich nur selbst herausfinden. Mein Rat dazu: Lassen Sie sich Zeit in dieser Phase und analysieren Sie die verschiedenen Möglichkeiten möglichst neutral. Häufig wird eine Alternative vorrangig behandelt und auch ausführlicher beleuchtet. Das hat nicht selten persönliche Gründe und kann zu keinem neutralen Ergebnis führen.

Kennzeichnen Sie auf jeden Fall die nicht änderbaren Einflussgrößen. Wenden Sie nicht zu viel Zeit für Alternativen auf, die sich sowieso nicht umsetzen lassen, weil es zum Beispiel das Budget absolut nicht erlaubt. Wenn Sie sie doch berücksichtigen wollen, dann betrachten Sie sie als gleichwertig zu den anderen Alternativen und zeigen Sie dann aber die Konsequenzen auf, zum Beispiel deutlich höhere Kosten. Manchmal spielt auch der Faktor Risikobereitschaft eine Rolle, da ein höheres Risiko erfahrungsgemäß bessere Ergebnisse verspricht. Dokumentieren Sie aber immer nur die Gründe für Ihre Entscheidung, nicht Ihren persönlichen Antrieb, der dahintersteht.

Ursache und Wirkung

Die häufigste Annahme ist die einer Linearität, die in der Natur allerdings so gut wie nie vorkommt. Deshalb sollten Sie auch nicht davon ausgehen, dass Ihr Weg linear verlaufen wird. Alle Prozesse zeigen für gewöhnlich eher geometrische, also exponentielle Wachstums- und Schrumpfungsprozesse. Der Umgang damit fällt uns für gewöhnlich schwer, da diese Vorstellung außerhalb der uns angeborenen Denkstrukturen liegt.

Berücksichtigen Sie diesen Umstand bei Ihrer Planung und versuchen Sie daher, möglichst nicht zu komplexe Modelle und Gedankenkonstrukte zu bauen. Das birgt die Gefahr, dass doch eher Fehler passieren. Bemühen Sie sich also im Gegenteil darum, die Komplexität zu verringern, indem Sie einfachere Ursache-Wirkung-Modelle aufbauen. Bauen Sie Regelkreise zur Abstimmung auf, die Ihnen sofort zeigen, ob Sie noch auf dem richtigen Weg sind.

In einer Phase der Einsparungswelle eines Unternehmens ist beispielsweise die Rationalisierung einer Abteilung nicht immer der richtige Weg. Sie birgt Vor- und Nachteile. Vorteil ist, dass die Kostenstelle in Zukunft weniger belastet wird und das Unternehmen damit Geld spart. Nachteil ist natürlich, dass die Arbeit umverteilt werden muss und unter Umständen weniger Leistung aus der Abteilung verkauft werden kann. Hier stellt sich die Frage, ob Kollegen diese Leistung fachlich und zeitlich übernehmen können. An dieser Stelle könnten Sie alle möglichen Faktoren von Betriebsvereinbarungen bis Sozialplan aufzeigen, die gegen oder für eine Rationalisierung sprechen. Fakt ist jedoch, dass entweder der Vor- oder der Nachteil überwiegt. Versuchen Sie möglichst einfache und rationale Gründe zu finden, die für oder gegen die Entlassung sprechen.

Prioritäten setzen

In der Regel wird es so sein, dass sich gerade am Anfang nur kleine Erfolge einstellen. Ist der Druck, Leistung zu bringen, aber sehr hoch, dann gehen Sie bei Ihrer Prioritätensetzung entsprechend vor. Um langfristig Erfolg zu haben, arbeiten Sie zudem nach dem Parallelprinzip. Einerseits kümmern Sie sich um die vorrangigen, schnellen und einfachen Umsetzungen, die direkten Erfolg versprechen, die Quick Wins. Damit halten Sie sich schon einmal den Rücken frei, nehmen die Erfolge mit und können in Ruhe weiterarbeiten. Parallel dazu setzen Sie die Maßnahmen auf, die langfristig den nachhaltigeren Erfolg versprechen.

Die Festschreibung

Nachdem Sie Ihre Überlegungen abgeschlossen haben, tragen Sie in den erweiterten Maßnahmenplan alle Budgets und deren Verteilung ein. Dieser Plan ist ein gutes Hilfsmittel für alle Beteiligten, um zu jeder Zeit den Projektstatus abzufragen und auf einen Blick zu erkennen, wo Sie gemeinsam gerade stehen. Ein Beispiel, wie ein erweiterter Maßnahmenplan aussehen könnte, zeigt die folgende Grafik.

Maßnahme _____

verantwortlich _____

Betriebsrat einbinden
Betriebsrat eingebunden am: _____

ja ☐

nein ☐   Name: _____

Gesamtbudget in Euro _____

Kostenstelle (KS) _____

KS-Verantwortlicher _____

aktueller Kostenstatus _____

Status	**Legende Status**
(grün)	0 = verworfen / Ersatzmaßnahme
verbrauchtes Budget in %	1 = definiert
	2 = definiert und terminiert
	3 = Umsetzung begonnen
	4 = erledigt

Bemerkungen / Notizen:

Maßnahmen und Umsetzungen zu Teilzielen

Nr.:	Aktivität	verantwortlich	Starttermin	Endtermin	Status	anteiliges Budget	Bemerkungen

Erweiterter Maßnahmenplan

_____

_____

_____

_____

_____

Setzen Sie auf gute Controllinginstrumente

Jeder darf Fehler machen, aber er muss daraus lernen. Das zeigen Anpassung und Evolution in der Natur. Nur: wie schaffen wir es, immer weiterzulernen, das Erlernte zu behalten und daraus wiederum die richtigen Schlüsse zu ziehen und richtig zu handeln? Jedenfalls nicht, indem wir ein einmal gestecktes Ziel nicht mehr verändern. Im Gegenteil: Wir müssen ständig unsere Vorgaben im Auge behalten und unsere Annahmen gegebenenfalls korrigieren.

Wer auf ein Ziel schießt und danebentrifft, merkt sich den Grad der Abweichung und versucht beim nächsten Schuss, besser zu zielen. So lange, bis er ins Schwarze getroffen hat. Um den angestrebten Zustand zu erreichen, ist also eine Zielkontrolle notwendig. Wie häufig Sie messen, bleibt Ihnen überlassen, natürlich hängt das auch von der Dauer des Projekts ab. Üblicherweise erfolgt eine monatliche Berichterstattung. Bei kurzer Projektlaufzeit ist es meist sinnvoll, häufiger zu messen.

Das Überprüfen und Korrigieren von Zielen ist unter dem Begriff „Controlling" zusammengefasst, allerdings bedeutet er nicht einfach Kontrolle. Vielmehr versteht man unter Controlling die Entscheidungs- und Führungshilfe durch ergebnisorientierte Planung, Steuerung und Überwachung. Das Controlling hat vorbeugende und aufdeckende Aufgaben und ist ein unverzichtbarer Bestandteil eines jeden Projekts.

Es dient auch dazu, dass Sie wissen, wann Sie erste Teilziele und große Meilensteine erreicht haben. Beim Bergsteigen ist das einfach: Sie gehen am Ausgangspunkt los, wandern den Berg rauf, und irgendwann haben Sie den Gipfel erreicht. Aber wann ist eine neue Produktidee erfolgreich? Wann ist ein Qualitätsziel erreicht? Um dies zu prüfen, legen Sie Messgrößen fest. Nur eine solche Operationalisierung erlaubt es, messen zu können, ob und zu welchem Grad ein Ziel erreicht ist.

Um sicherzugehen, klären Sie vorher auf jeden Fall genau, welches Ergebnis im Unternehmen erwartet wird. Es gibt Auftraggeber, bei denen gilt eine hundertprozentige Zielerreichung als hervorragend, weil dies das maximal Mögliche ist. Andere Unternehmen hingegen erwarten, dass man die 100 Prozent mindestens erreicht, weil das bei ihnen als „normal" gilt.

Kostenkontrolle

Kostenkontrolle ist ein leidiges Thema. Doch ohne sie geht es nicht, wenn Sie sich innerhalb des geplanten Kostenrahmens bewegen wollen. Machen Sie sich klar, dass Sie als Projektmanager auch die Budgetverantwortung haben. Wenden Sie sich an die Finanzabteilung Ihres Unternehmens, wenn Sie Hilfe brauchen.

In Ihrem erweiterten Maßnahmenplan haben Sie bereits die Kosten für die jeweiligen Maßnahmen festgeschrieben. Prüfen Sie in regelmäßigen Abständen, ob Sie sich noch innerhalb der gesteckten Grenzen befinden. Es ist sinnvoll, schon den Teilzielen die jeweiligen Budgetanteile zuzuordnen, denn auf diese Weise können Sie früher erkennen, ob die Ausgaben aus dem Ruder laufen.

Denken Sie bei Ihrer Planung auch an die versteckten Kosten, zum Beispiel für Personal, das Sie sich aus anderen Abteilungen „ausleihen". Klären Sie schon im Vorfeld, welcher Kostenstelle Sie diese Kosten zuordnen können. Finden Sie heraus, wer diesen Mitarbeiter bezahlt, ob es dazu einen internen Verrechnungssatz gibt oder ob diese Kosten zum Allgemeinbudget gehören.

Vermeiden Sie es unbedingt, im Projektverlauf Kosten zu schieben. Diese Methode wird gerne angewandt, wenn es an einer Stelle finanziell eng wird, an anderen aber noch genügend Budget vorhanden ist. Doch bedenken Sie: Je öfter Sie Ausgaben verschieben und finanzielle Ressourcen umschichten, desto schwieriger wird es am Ende für das Controlling, weil es nicht mehr nachvollziehen kann, wie die Gelder sich im Lauf des Projekts tatsächlich verteilt haben.

Beispiel Kostensenkung Geht es darum, Kosten zu senken, ist diese allgemeine Zielformulierung zu ungenau, denn man will ja nicht endlos sparen. Kosten senkt man auch, indem man nicht mehr produziert oder Mitarbeiter entlässt, die dann allerdings keine Produktivleistung mehr erbringen können. Entweder konkretisiert man das Ziel unter Berücksichtigung anderer Unternehmenszahlen oder man bildet betriebsspezifische Kenngrößen. Denn in Dienstleistungsunternehmen, bei denen die personalabhängigen Kosten durchaus bis zu 100 Prozent der Kosten ausmachen können, hilft es zum Beispiel nicht viel, die Personalkosten pauschal zu reduzieren. Dort bietet sich als Messgröße der Betriebskostensatz (BKS), also die Kosten je Produktivstunde, an. Ist dieser definiert, kann das Ziel wiederum über zwei Wege erreicht werden: Erstens lassen sich die Personalkosten je Mitarbeiter senken, etwa durch Gehaltsreduzierungen, oder aber die Produktivität wird erhöht. Um dies zu erreichen, kommen eine Erhöhung der Wochenarbeitszeit, die Reduzierung der Urlaubstage oder motivationssteigernde Maßnahmen, die zu höherer Produktivleistung führen, infrage.

Umsatz als Messgröße

Zweites „beliebtes" Ziel ist die Umsatzsteigerung, sie lässt sich aber nicht kurzfristig erreichen. Natürlich kann man viele neue Vertriebsmitarbeiter einstellen, vermutlich wird diese Maßnahme jedoch nur auf geteilte Begeisterung bei der Geschäftsführung stoßen, da die Kosten zunächst beträchtlich steigen. Bei langfristigen Zielen empfiehlt es sich, Frühindikatoren festzulegen, um zu erkennen, ob man auf dem richtigen Weg ist. Wer mehr Umsatz generieren will, kann im ersten Schritt zum Beispiel prüfen, ob auf seine Maßnahmen hin mehr oder umfangreichere Angebote angefragt und erstellt werden. Als Kennzahl kann dann das Verhältnis von Bestellungen und Nichtbestellungen als Reaktion auf die versendeten Angebote herangezogen werden. Als Erfolg kann gewertet werden, wenn die Anzahl der Aufträge steigt.

Mitarbeiterzufriedenheit

Eine weitere Messgröße, die sich ebenfalls nicht einfach bestimmen und noch viel schwerer in Zahlen ausdrücken lässt, ist die emotionale Messgröße. Wie wollen Sie den Grad der Zufriedenheit messen? Wie legen Sie die Skala für zufriedene Mitarbeiter fest? Das ist natürlich nicht möglich. Was Sie aber sehr wohl messen können, sind die Auswirkungen der Zufriedenheit wie Fluktuation im Unternehmen und die Krankheitstage. Letztendlich drückt sich Mitarbeiterzufriedenheit auch in den Qualitätskennzahlen aus. Wer schlechtgelaunt und demotiviert an seinen Arbeitsplatz geht, wird sich seiner Aufgabe wenig verpflichtet fühlen und nicht die beste Leistung für das Unternehmen erbringen. Ein weiterer Indikator für zufriedene Mitarbeiter und damit sekundär als Messgröße zu verwenden ist die freiwillige Übernahme von Aufgaben und Verantwortung. Werden die Mitarbeiter selbst aktiv, stehen sie zu ihrem Unternehmen, ihrer Aufgabe und dem Gesamtergebnis, so können Sie zwar keine Prozentzahl oder einen monetären Gewinn daraus berechnen. Doch insgesamt werden die Ergebnisse des Unternehmens dann besser sein, als wenn nur unzufriedene Mitarbeiter darin tätig sind.

Vorgehensweise festlegen

Legen Sie Termine für die regelmäßige Zielüberprüfung und Berichterstattung im Team fest. Denn Abweichungen vom Plan lassen sich nur durch ständiges Reporting rechtzeitig erkennen. Dabei gilt es, die wichtigen Abweichungen herauszufiltern. Es bringt Ihnen gar nichts, ständig eine Riesenmenge an Daten vorliegen zu haben, wenn deren Bedeutung nicht klar ist.

Als Erstes ist wichtig, dass Sie vorab ausgiebig darüber nachdenken, wann es sich bei unregelmäßigen Zahlen und Worten überhaupt um Abweichungen handelt – und nicht um natürliche Streuungen oder regelmäßige Zyklen. So ist es im Dienstleistungsbereich üblich und wenig erstaunlich, dass in den Sommermonaten die Umsätze geringer sind, da mehr Mitarbeiter im Urlaub sind. Und zu Weihnachten liegen die Umsätze im Einzelhandel deutlich höher als in den übrigen Monaten. Es wundert sich ja auch niemand darüber, dass im Sommer weniger Handschuhe gekauft werden als im Winter.

Sind Abweichungen erst einmal erkannt, können korrigierende Maßnahmen eingeleitet werden. Wichtig ist auch hier, dass „Ross und Reiter" benannt werden, das bedeutet: Legen Sie fest, wer welche Maßnahme mit welchem Ziel einleiten soll. Anschließend müssen die vorhandenen Pläne entsprechend korrigiert werden. Tragen Sie hier auch die gewünschten Auswirkungen der neuen Maßnahmen ein. Beachten Sie zudem, dass Nebeneffekte bei solchen Planänderungen auftreten können, oft betreffen sie Zeit- oder Budgetplanungen. In jedem Fall muss allen im Team klar sein, wer die Autorität hat, Planänderungen anzuordnen. Gehen Sie als Teamleiter in jedem Fall offensiv damit um, da sich solche Entwicklungen meistens ohnehin nicht mehr vermeiden lassen. Schönfärbereien führen in einer kritischen Situation oftmals nur zu einer weiteren Verschlechterung der Gesamtsituation.

Ihre Notizen

Arbeiten Sie mit der Liste offener Punkte

Die Liste offener Punkte (LoP) wird Sie bis zum Ende des Projekts begleiten. Am besten legen Sie sie digital an, sodass alle Mitglieder des Projektteams zu jeder Zeit darauf zugreifen können. Diese Liste enthält zum einen alle Themen, die während der Umsetzungsphase an verschiedenen Stellen auftauchen, zum anderen umfasst sie die verschiedenen Speicher aus dem Workshop. Speziell der Themenspeicher, der sehr viele unsortierte Stichpunkte enthalten dürfte, findet hier seinen Platz. So gehen keine Inhalte aus dem Workshop verloren und Sie können jedes Thema zu jeder Zeit berücksichtigen.

Führen Sie diese Liste während des gesamten Projektverlaufs sorgfältig und bereiten Sie sich mit ihr auf Gespräche mit Vorgesetzten und Kollegen aus dem Team vor. Da die LoP sowohl abgeschlossene als auch offene Themen enthält, können Sie sie nutzen, um einerseits Ihre Reportingpflicht nach oben zu erfüllen, andererseits lässt sich an ihr ablesen, wo Sie noch Unterstützung brauchen.

Liste offener Punkte zum Projekt					
Nr.	Themenbeschreibung	Bisherige Maßnahmen/ Aktionen	Verantwortlich	Termin	Status

Liste offener Punkte

Im Verlauf des Projekts wird die Anzahl der noch zu bearbeitenden Punkte kleiner. Löschen Sie Erledigtes aber nicht, sondern nutzen Sie für den Status zum Beispiel ein Ampelsystem, mit dem Sie den jeweiligen Stand der Dinge festhalten: rot, gelb, grün. Rot steht dabei für „noch nicht erledigt", Gelb für „in Arbeit" und Grün für „erledigt und umgesetzt". Damit haben Sie auch gleich ein Messinstrument an der Hand, um den Projektverlauf zu dokumentieren.

Wenn Sie wollen, erweitern Sie diese Liste um Ihre persönlichen Notizen. Je detaillierter Sie dabei vorgehen, desto besser können Sie zu einem späteren Zeitpunkt die Erfahrungen aus dem Projekt zusammenfassen und weitergeben.

Ihre Notizen

Dokumentation und Kommunikation der Ergebnisse

Um bei Ursache und Wirkung zu bleiben: Wer aus einem Projekt lernen will, muss erkennen, welche Ergebniswirkung die einzelnen Maßnahmen gehabt haben. Was war erfolgreich? Das sollten Sie beibehalten und ausbauen. Was war weniger erfolgreich? Das sollten Sie modifizieren oder ganz aufgeben, gegebenenfalls sind Ersatzmaßnahmen erforderlich. So optimieren wir unsere Arbeitsweisen Schritt für Schritt.

Machen Sie sich aber immer bewusst, dass Lernen auch heißt, Fehler zu machen, die dann analysiert werden müssen. Es ist schlichtweg unprofessionell, einem Mitarbeiter vor versammelter Mannschaft die Schuld zuzuschieben. Wenn ein Einzelner für einen Fehler verantwortlich ist, führen Sie ein Gespräch unter vier Augen mit ihm. Versuchen Sie Fehler gemeinsam mit dem Team zu reduzieren oder ganz zu vermeiden, zum Beispiel durch Selbstkontrollen oder das „Vier-Augen-Prinzip". Mit Querchecks und Logikprüfungen lassen sich bereits eine ganze Menge Fehler finden. Fördern Sie den Austausch, denn es hilft weiter, wenn ein Kollege einen Sachverhalt anders sieht und andere Fragen stellt, zum Beispiel: „Kann das

Ergebnis, was wir herausbekommen haben, richtig sein?" oder „Haben wir wirklich alle Faktoren berücksichtigt?".

Während des Projektverlaufs haben Sie als Projektleiter die Pflicht, das Erlernte, das Umgesetzte und die Erfolge zu dokumentieren. Wie Sie das tun, bleibt Ihnen überlassen. Sie können einen Projektplan mit den entsprechenden Anmerkungen und Hintergrundinformationen versehen, ein elektronisches Projekttagebuch oder ein Projektbuch in Papierform führen. Ihre Ausführungen sollten so formuliert sein, dass jeder auf den ersten Blick versteht, wie Sie Ihr Projekt angegriffen, umgesetzt und zum Erfolg geführt haben. Dieses Dokumentieren ist wichtig, denn daraus werden in erster Linie Sie und Ihre Mitarbeiter und in zweiter Linie Ihre Kollegen für die Zukunft lernen, wenn Sie Ihr Projekt abschließen.

Eine weitere Aufgabe, um die Sie sich kümmern müssen, ist die Kommunikation. Sie werden nach dem Workshop jede Menge Zaungäste haben, Kollegen die Sie fragen: „Was kam denn raus?" oder „Wie geht es weiter?" oder „Was habt Ihr beschlossen?". Das ist völlig normal, denn hier siegt die angeborene menschliche Neugier. Wenn Sie diese Fragen nicht beantworten, wird sich sehr schnell der Flurfunk einschalten, sodass jede Menge Gerüchte entstehen. Kommunizieren Sie nicht eindeutig und ohne Substanz, wird man das Gefühl haben, dass der Workshop eine reine Spaßveranstaltung war. Wenn Sie wollen, dass Sie und Ihr Projekt, der Workshop und die Umsetzungen ernst genommen werden, spielt die richtige Kommunikation eine wichtige Rolle. Lesen Sie hierzu auch noch einmal den Exkurs zur Kommunikation ab Seite 40.

Ihre Notizen

Vereinbaren Sie feste Reflexions- und Reportingtermine

Regelmäßige Projektbesprechungen eignen sich sehr gut für den Neubeginn der Kreislaufprozesse. In diesem Rahmen können Planänderungen und ihre Auswirkungen auf den Projektverlauf besprochen und fixiert werden. Gilt es doch, alle am Projekt Beteiligten auf den aktuellen Stand zu bringen und wieder auf eventuell geänderte Ziele und andere Bedingungen einzuschwören.

Über Ergebnisse und Teilergebnisse muss intensiv gesprochen werden. Nehmen Sie sich Zeit dafür. Man erwartet von Ihnen nicht, dass Sie alles selber machen – im Gegenteil. Delegieren Sie, wo Sie nur können. Kontrollieren Sie, ob alle auf dem richtigen Weg sind. Fragen Sie viel: „Sind Sie mit Ihrer Arbeit zufrieden?" Häufig erhalten Sie so mehr Aufschlüsse über kleinere Fehler und weitere Verbesserungen, als wenn Sie selbst überprüfen wollen, ob alles richtig ist.

Die regelmäßigen Durchsprachen sind zu protokollieren. Hierfür bedienen Sie sich der LoP, in der zusätzlich zu den reinen Messergebnissen die Verantwortlichkeit und der Status einzelner Maßnahmen dokumentiert werden. Abgeschlossene Punkte werden ebenfalls festgehalten und bieten zu jedem Zeitpunkt eine gute Übersicht über die getroffenen Entscheidungen und Änderungen im Projekt.

Bereiten Sie für jeden Reflexions- und Reportingtermin eine Agenda vor, die Sie bereits vorab verteilen. Inhalte, die dabei besprochen werden, sind:

- Was haben die Themenverantwortlichen seit dem letzten Termin zu berichten?

- Welche Aufgaben sind erfolgreich erledigt?

- Welche Themen bereiten in der Umsetzung Schwierigkeiten?

- Wen brauchen wir, um bei diesen Punkten weiterzukommen?

- Wie ist der Stand der LoP?

- Welche Themen können in die Unternehmenskommunikation gebracht werden?

- Welche weiteren Schritte und Maßnahmen stehen an?

- Wann findet der nächste Termin statt?

Ergänzen Sie jeweils die Fragen, die aktuell anstehen. Vergessen Sie bei diesen Treffen nicht, die Mitarbeiter für erfolgreich umgesetzte Themen zu loben. Falls Sie ein Prämiensystem installiert haben, schütten Sie die Extrazahlungen auch aus.

Ihre Notizen

Beziehen Sie Veränderungen ins Projektmanagement ein

Kein Unternehmen hat täglich die gleichen Rahmenbedingungen. Der kleine Tante-Emma-Laden an der Ecke muss vielleicht Umsatzeinbußen wegen des schlechten Wetters oder Glatteis hinnehmen, der große Konzern kann seine Ware nicht ausliefern, weil die Transportgesellschaften streiken. Wichtig ist, dass Sie immer auch einen „Plan B" haben, sodass Sie sich rechtzeitig auf veränderte Bedingungen einstellen, neue Handlungsweisen definieren und damit möglichst flexibel bleiben können.

Auch was im Unternehmen selbst vor sich geht, müssen Sie ständig im Blick haben. Manchmal ändern sich Dinge schneller, als Sie vielleicht im Vorfeld vermutet hatten oder es sich abzeichnete. Machen Sie sich bewusst, dass Sie in drei Richtungen operieren, nach „oben" (Chef), nach „unten" (Mitarbeiter) und „seitlich" (Projektleiterkollegen). Daher erfahren Sie vermutlich früher als Ihre Mitarbeiter, wenn sich etwas tut oder tun muss. Genauso tragen Sie aber auch das Feedback von „unten" nach „oben". Hierbei können sich ebenfalls Handlungsfelder auftun, sodass das Unternehmen gezwungen ist, Veränderungen einzuleiten.

Es wäre schlecht, wenn Sie Veränderungen in der Umwelt und im Inneren einfach ignorieren, denn sie können eklatanten Einfluss auf die Arbeit des Teams haben. Wichtig ist, dass Sie hierfür ein Gespür entwickeln und immer direkt am Geschehen agieren, um derartige Tendenzen zu erkennen und zur rechten Zeit handeln zu können. Und nur so haben Sie als Projektleiter die Chance, das Unternehmen maßgeblich mitzugestalten und sich vielleicht sogar langfristig gesehen eine neue Position im Unternehmen zu sichern.

Ihre Notizen

Ihre zentralen Aufgaben: Steuern und Motivieren

Ihre Aufgabe im Projekt besteht ab jetzt hauptsächlich darin, die Fäden in der Hand zu halten und sich um das große Ganze zu kümmern. Einzelne Aufgaben delegieren Sie an die Teammitglieder. Sie koordinieren das Zusammenwirken der Beteiligten und halten das Projekt am Laufen. Wenn Sie glauben, das lässt sich doch mit links erledigen, werden Sie sicher bald eines Besseren belehrt. Denn erst mit der Umsetzung tauchen Fragen auf, kommt es zu Zerreißproben und müssen manchmal langwierige Verhandlungen geführt werden. Und Sie sind derjenige, der für das alles verantwortlich ist.

Sie werden Ihre ganze Zeit dafür brauchen, um immer wieder neue Impulse im Projekt zu setzen und die Mitarbeiter bei ihren Aufgaben zu unterstützen. Hinzu kommen die Einzelgespräche, und Sie müssen auch die Zahlen im Auge behalten. Darüber hinaus ist es wichtig, dass Sie bei

Stagnation immer wieder Anschubhilfe leisten und Ihre Kollegen motivieren. Vergessen Sie zu guter Letzt nicht, Teilerfolge zu kommunizieren und zu feiern, auch das gibt den Beteiligten Antrieb.

Zum Thema Motivation gibt es jede Menge Techniken, Methoden und vor allem auch Literatur. Dazu empfehle ich die beiden Bücher „Führen, Fördern, Coachen. So entwickeln Sie die Potentiale Ihrer Mitarbeiter" von Elisabeth Haberleitner, Elisabeth Deistler und Robert Ungvari (Wien 2003) sowie „Einfach führen" von Jochen Gabrisch und Claudia Krüger (Frankfurt 2005). Informieren Sie sich ausgiebig, denn dieses Thema ist zentral bei Ihrer Arbeit als Projektmanager. Aufräumen möchte ich an dieser Stelle vor allem mit der Vorstellung, dass Motivation unbedingt etwas mit einpeitschenden Illusionisten und teuren Massenveranstaltungen oder einem besonderen, rein finanziellen Anreizsystem zu tun haben muss. Das soll nicht heißen, dass Geld kein Motivationstool ist, es ist nur bedingt geeignet. Und riesige Events mit unzähligen Teilnehmern, bei denen die „Du-schaffst-es"-Methode im Vordergrund steht, halte ich persönlich für sehr unpassend. Was gebraucht wird, ist eine sehr zielgerichtete Motivation.

Überprüfen Sie dazu nicht nur immer wieder die Ziele im Projekt auf ihre Machbarkeit und greifen Sie notfalls korrigierend ein, sondern beschäftigen Sie sich auch mit den persönlichen Zielen Ihrer Mitarbeiter. Deren Motivationsgründe sind so individuell wie ihre Persönlichkeiten. Zunächst müssen Sie in Erfahrung bringen, was die Kollegen oder Mitarbeiter demotiviert. So können Sie schon die erste Quelle von Frustration und „Nicht-mehr-Wollen" eliminieren. Danach finden Sie heraus, was jeden Einzelnen in Ihrem Team motiviert. Welche Wünsche und Bedürfnisse hat er und wie lassen sie sich mit den Unternehmenszielen in Einklang bringen?

Es gibt viele Gründe, warum ein Projekt stockt und die Motivation der Projektbeteiligten nachlässt. Vielleicht spielen Gegebenheiten von außen, auf die Sie selbst nur bedingt Einfluss haben, eine Rolle oder es gibt zu wenig Austausch. Auch eine unklare oder unrealistische Zielvorgabe kann Ursache sein.

Beispiel: Lange Entscheidungswege

Stellen Sie sich vor, Ihr Projekt stagniert, weil die Entscheidungswege im Unternehmen zu lang sind. Hier können Sie als Vorgesetzter und Projektleiter versuchen, sich in die entsprechenden Prozesse einzuschalten und das Geschehen zu beschleunigen. Nehmen Sie auf diese Weise Ihre Vermittlerrolle zwischen den Hierarchien wahr, oft lassen sich Probleme mit der richtigen Information oder dem persönlichen Kontakt schnell lösen.

Beispiel: Kleines Team in großem Unternehmen

Oder Sie arbeiten in einem großen Unternehmen, das mit dem Tempo der vergleichsweise kleinen Projektgruppe nicht mithalten kann. In diesem Fall versuchen Sie der Projektgruppe zu erklären, warum es nicht so schnell vorangeht, wie alle gerne möchten. Suchen Sie dann Wege, wie Sie Ihr Vorhaben besser weitertreiben können. Deklarieren Sie Ihr Projekt zum Beispiel als „Best Practice" und vermitteln Sie Ihren Vorgesetzten damit eine neue Wertigkeit. Vielfach braucht es nur eine andere Bezeichnung, um neue Möglichkeiten zu erschließen.

Beispiel: Die Leistung eines Einzelnen fehlt

Manchmal entsteht auch Demotivation und Stagnation, wenn die Zusammenarbeit innerhalb der Projektgruppe nicht gut läuft. Ein Team arbeitet optimalerweise immer so, dass die Prozesse, Arbeiten und Teilergebnisse ineinandergreifen und aufeinander aufbauen. Leistet aber nur ein Mitarbeiter seinen Beitrag nicht zur richtigen Zeit und an der richtigen Stelle, frustriert das die Kollegen, weil sie nicht an ihren Aufgaben weiterarbeiten können. Versuchen Sie herauszufinden, warum der betreffende Mitarbeiter nicht funktioniert, denn hierfür kann es viele Gründe geben. Meist steckt Zeitmangel, vorrangiges Tagesgeschäft und manchmal auch das fehlende Wissen dahinter, dass kein zufriedenstellendes Ergebnis erzielt wird. Sorgen Sie dann dafür, dass dieser Mitarbeiter Ihre Unterstützung und die des Teams bekommt.

Ihre Notizen

_____

_____

_____

_____

Ein runder Abschluss: „Lessons Learned"

Am Ende eines jeden Projekts steht neben der Schlusskalkulation und der Schlusspräsentation unbedingt ein weiterer Workshop mit dem Titel „Lessons Learned". Hier bietet sich die Chance, dass Sie sich als erfolgreicher und erfahrener Projektleiter positionieren. Vor allem aber dient die Veranstaltung dazu, voneinander zu lernen, Wissen und Erkenntnisse weiterzugeben und den Workflow im Unternehmen zu optimieren.

In der Regel reicht es, wenn für einen solchen Workshop ein Zeitrahmen von drei bis vier Stunden angesetzt wird, das hängt natürlich auch vom Umfang des Projekts ab. Bereiten Sie diesen Termin wieder sorgfältig vor. Dabei beschreiben Sie folgende Punkte:

- Ausgangsbasis des Projekts
- Besondere Herausforderung, Stärken und Schwächen des Projekts
- Das daraus abgeleitete Ziel
- Vorgehen im und die Ergebnisse aus dem Workshop
- Die daraus abgeleiteten Maßnahmen, Ziele und Teilziele
- Besonderheiten bei den Maßnahmen
- Umsetzungsgrad und Vorgehen bei der Umsetzung
- Welche Fehler sind passiert und wie wurden diese gelöst?
- Ergebnisse und Erfolge
- Was haben wir gelernt?
- Was können wir in der Zukunft besser machen?
- Auf welche Punkte müssen wir in Zukunft besser achten?
- Wo bieten sich neue Handlungsfelder oder Innovationsfelder innerhalb des Unternehmens?
- Für welche Prozesse können wir Optimierungen ableiten?
- Besonderer Einsatz der Mitarbeiter
- Gesamtfazit und Zahlen, Daten und Fakten

Bereiten Sie ein kleines Handout für alle Teilnehmer vor. Bauen Sie es so auf, dass es auch jemand verstehen kann, der von diesem Thema bisher noch nicht viel mitbekommen hat und wenig darüber weiß. Je schlüssiger die Unterlage für Unbeteiligte formuliert ist, desto besser ist sie und desto mehr können Ihre Kollegen von Ihnen lernen und von Ihren Erfahrungen profitieren.

Achten Sie für sich selbst darauf, zu einem Abschluss zu kommen und Ihre Ziele, die Sie erreichen wollten, zu kontrollieren und aufzubereiten. Jedes Projekt hat ein Ende! Erst danach können Sie feststellen, wie erfolgreich Sie waren. Der gesamte Ablauf ist eine außerordentliche Lernerfahrung für Sie als Workshop-Leiter und Projektmanager.

Ihre Notizen

Nach dem Projekt ist vor dem Projekt

Sie sind nun der Meinung, dass Sie alle Ziele erreicht haben, und sehen keinen weiteren Handlungsbedarf mehr. Das ist sicher für das aktuelle Projekt richtig. Doch wenn sich eine Organisation ständig weiterentwickeln will, ist es notwendig, die Workshop- und Projektprozesse am Laufen zu halten. Die meisten Menschen neigen durchaus dazu, sich mit dem Erreichten zufriedenzugeben. Oder verharren in einer Unzufriedenheit, weil die Motivation fehlt.

Überprüfen Sie, wie es bei Ihnen damit steht, schließlich wollen Sie doch bestimmt dazulernen. Nur wenn Sie sich selbst eingestehen, was unter Umständen nicht optimal gelaufen ist, lernen Sie. Sind Sie der Meinung, dass Sie keine Fehler gemacht haben, sollten Sie sich fragen, ob Sie vor lauter Begeisterung nicht vergessen, sich immer mal wieder selbstkritisch zu beobachten.

Überprüfen Sie auch gleich, ob die Ziele, Maßnahmen und Messgrößen sinnvoll waren und zum Ziel geführt haben. Nutzen Sie Ihre Erkenntnisse für Ihren nächsten Workshop. Auch Ihr neues Wissen wird dazu beitragen, dass Sie sich weiterentwickeln. Fehler, die einmal gemacht werden, treten üblicherweise kein zweites Mal auf!

Eventuell können Sie aus Ihren Erfahrungen gleich ein neues Projekt generieren und Ihrem Vorgesetzten vorschlagen. Denn es sind garantiert nicht alle Probleme des Unternehmens gelöst. Meist tun sich bei der Projektarbeit viele Ideen und neue Handlungsfelder auf. Sammeln Sie die Ansätze und präsentieren Sie sie zum Schluss. Wenn Sie gute Arbeit geleistet haben und Ihnen der Workshop Spaß gemacht hat, finden sich bestimmt weitere Einsatzgebiete.

Ihre Notizen

Schlusswort

Workshops können sehr viel Spaß machen – sofern sie zur richtigen Zeit und zum richtigen Thema gehalten werden. Sie wissen es, dahinter stecken harte Arbeit, viel Disziplin und Leidenschaft für den Beruf des Workshop-Leiters. Wenn Sie als Trainer oder Moderator sich weiterentwickeln wollen, besuchen Sie so viele Workshops wie möglich und lassen Sie Neues zu. Vor allem, wenn Sie auch branchenfremde Workshops besuchen, können Sie sehen, was sich an Ihrer Arbeitsweise verbessern lässt. Holen Sie sich Impulse von außen, die Sie mit Ihrer eigenen Arbeit verknüpfen. Lassen Sie neue Kombinationen und Mixe entstehen, die vorher einfach undenkbar gewesen wären. Oder haben Sie schon einmal an einen Strategie-Workshop auf 2.000 Meter Höhe in Kombination mit einem Steinmetzkurs gedacht?

Zum Abschluss ein Dankeschön

Niemand schreibt ein Buch alleine, auch wenn nur ein Name auf dem Cover steht. Danken möchte ich allen Menschen, die mich unterstützt haben, von denen ich lernen durfte und die mich inspiriert haben.

Einen speziellen Dank an Thomas Sochatzki und Carsten Grunert, die mir ihre Hirne geliehen haben, wenn meins nicht optimal funktioniert hat, an Cornelia Rüping, die immer wieder meine Spinnereien erdet, an Karin Stanka, die mit Grafik echte Wunder vollbringt, an den Linde Verlag, bei dem ich mich gut aufgehoben fühle, und nicht zuletzt an meine Familie und Freunde, die mich in den vergangenen Wochen und Monaten kaum gesehen haben.

Stichwortverzeichnis